| 物理数学 |
| コース |

偏微分方程式

渋谷仙吉　共著
内田伏一

裳　華　房

Partial Differential Equation

by

Senkichi Sibuya
Fuichi Uchida

SHOKABO

TOKYO

はじめに

　理工系の学部においては，微分積分と線形代数に続いて，常微分方程式，偏微分方程式，複素関数の微分積分，フーリエ解析 などを学習することが多いものと思う．この方面の教科書・参考書は数多く出版されており，中には，数学の専門家でない立場を積極的に利用して，応用としての数学，科学の言葉としての数学，分かりやすい数学を紹介するという趣旨のテキストも見受けられるが，その大半は数学を専門とする人々によって執筆されている．

　平成3年の大学設置基準の大綱化や平成10年の大学審議会の中間まとめを受けて，各大学はカリキュラムの大幅な見直しを行っている．このような状況にあって，常微分方程式，偏微分方程式，複素関数の微分積分，フーリエ解析 などの授業を行う場合，それぞれ半年間で一区切りがつくように設定されることが多くなっていると思われる．

　そこで，私達は，このような数学を実際に使う立場にある物理学者と，応用数学の専門家ではない数学者が組んで，「物理数学コース」の名のもとに，理工系学部の半年コースの授業に見合った内容の

　　　　　常微分方程式，　　　複素関数の微分積分，
　　　　　偏微分方程式，　　　フーリエ解析

の4分冊に分けたテキストの刊行を企画した．

　実際に授業を担当している物理学者が素原稿を書き，全体の構成や数学的記述については数学者が注文をつけるという方針で臨んだ．このような執筆者の組合せは，このテキストを使う授業担当者が，論理を主とする数学者であれ，応用として数学を使う立場の理工学者であれ，いずれにも比較的なじみやすく感じてもらうには，好都合なもののように思われる．

例題や練習問題には，物理的な問題を数多く取り入れ，数学を少しでもなじみやすいものにし，実際にこのような数学を使うことになる学生諸君に配慮したつもりである．また，各節末の練習問題のすべてについて，巻末に解答を載せてある．各自の計算があっているかどうかを確かめる際に利用してほしい．

　本書は，『偏微分方程式』に関する分冊である．理工学の多くの分野の基礎方程式が偏微分方程式の形で与えられているため，偏微分方程式は応用上からも極めて重要であるが，偏微分方程式として取扱われる内容は膨大であり，どの成書も厚く，かつ難しく初学者向きのテキストは少ないようである．そこで，本書は偏微分方程式を初めて学ぶ理工系学生のため，常微分方程式との違いや全微分方程式との関係などから，わかりやすく系統的に理解し，初歩的応用ができるようにすることを目的としている．1階と2階の偏微分方程式を中心にその解き方について解説したが，特に2階偏微分方程式は広く応用されているので，3タイプに分類し，それぞれのタイプの方程式とその解の物理的意味も理解できるよう配慮している．偏微分方程式を使うという立場で解を求める方法に重点を置いて書かれているので，解の存在や一意性の証明などは省いている．

　本書の出版に際して，裳華房編集部の細木周治氏には企画の段階から終始お世話になった．ここに記して感謝します．

　2000年　秋

著　者

目　　次

§1．偏微分，全微分と全微分方程式　………　2
§2．多変数関数の積分　………　10
§3．偏微分方程式とその解法　………　20
§4．1階偏微分方程式　………　28
§5．2階線形偏微分方程式　………　36
§6．波動方程式（変数分離法）　………　44
§7．波動方程式（一般解）　………　56
§8．熱伝導〔拡散〕方程式（Ⅰ）　………　64
§9．熱伝導〔拡散〕方程式（Ⅱ）　………　74
§10．ラプラス方程式　………　85
§11．ポアソン方程式　………　98
§12．連立偏微分方程式　………　108

おわりに　………　118
練習問題の解答とヒント　………　120
索　引　………　133

熱的インパルス

u_0

$x_0-\varepsilon \quad x_0 \quad x_0+\varepsilon \qquad x$

偏微分方程式： $\dfrac{\partial u(x,t)}{\partial t} = \kappa \dfrac{\partial^2 u(x,t)}{\partial x^2}$

熱分布の変化（t：時間）

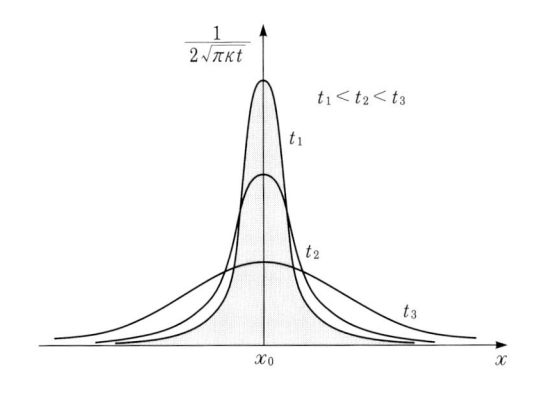

$\dfrac{1}{2\sqrt{\pi \kappa t}}$

$t_1 < t_2 < t_3$

t_1

t_2

t_3

$x_0 \qquad x$

（本文 77 〜 78 ページ参照）

§1. 偏微分，全微分と全微分方程式

場の量と多変数関数

　運動学で質点の運動状態を調べるには，その質点の位置を時間 t の関数として局所的に追いかける．したがって位置 $\boldsymbol{q}$，運動量 $\boldsymbol{p}$ などは $\boldsymbol{q} = \boldsymbol{q}(t)$，$\boldsymbol{p} = \boldsymbol{p}(t)$ のように，t についての1変数の(ベクトル)関数として記述される．

　これに対し，海面の盛り上がり状態は，広い海面のどこ(座標：(x, y))で，いつ(t)，どのくらいの高さ(u)かを記述しなくてはならないので，
$$u = u(x, y, t)$$
のように3変数の関数で表示される．音波のような空間中の波動量は，空間のどこ((x, y, z))で，いつ(t)，どのくらいの変位ベクトルをもつかを表現しなくてはならなくなり，4変数の関数として次のように表示される：
$$\boldsymbol{u} = \boldsymbol{u}(x, y, z, t).$$
　これらは，数学では単に独立変数が3個および4個の関数として扱われることが多い．これに対し，多様な現象を扱う物理学においては，u または $\boldsymbol{u}$ がどのような物理量であるかに注目し，重力，電気力あるいはポテンシャルのような量が空間の点 (x, y, z) の関数として表されるとき，例えば重力場，静電場のように，"場"という語でその分布を表現する．"場"は一般に空間の点の関数であると同時に，時間 t にも依存して変化する．

　物理学では，温度の場 $T(x, y, z, t)$，密度場 $\rho(x, y, z, t)$ のように，時空間にスカラー量が分布している状態を**スカラー場**といい，電場 $\boldsymbol{E}(x, y, z, t)$，磁場 $\boldsymbol{B}(x, y, z, t)$ のように時空間にベクトル量が分布している状態を**ベクトル場**といい，色々な種類の場を扱う．したがって，理工学的現象の研究や応用のために，多変数関数についての微分(偏微分，全微分)や積分の扱い方をよく理解することが大切である．

偏導関数と全微分

1変数関数 $y = f(x)$ のグラフが xy-平面に描かれたように，2変数関数 $z = f(x,y)$ のグラフは xyz-空間に描くことができる．実際，xy-平面の点 $P(a,b)$ に対して，空間の点 $Q(a,b,c)$（$c = f(a,b)$）をとれば，点Pが関数 $z = f(x,y)$ の定義域 D 内を動くとき，点Qが空間内で描く図形（一般に，曲面となる）を関数 $z = f(x,y)$ のグラフという．

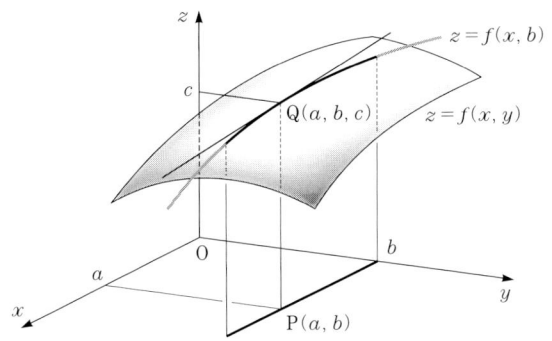

2変数関数 $z = f(x,y)$ について，y を一定の値 b に固定すれば，z は1変数 x だけの関数と見ることができる．この関数の $x = a$ における微分係数が存在すれば，その値を点 $P(a,b)$ における関数 $f(x,y)$ の <u>x についての偏微分係数</u>といい，記号 $f_x(a,b)$ で表す．同様に，x を一定の値 a に固定すれば，z は1変数 y だけの関数と見ることができ，この関数の $y = b$ における微分係数が存在すれば，その値を点 $P(a,b)$ における関数 $f(x,y)$ の <u>y についての</u>偏微分係数といい，記号 $f_y(a,b)$ で表す．定義域 D 内の各点 $P(x,y)$ で，関数 $z = f(x,y)$ の x および y についての偏微分係数が存在する場合，関数 $f(x,y)$ は D で**偏微分可能**であるという．このとき，$f_x(x,y), f_y(x,y)$ はまた2変数 x, y の関数である．これらを $f(x,y)$ の，x あるいは y についての**偏導関数**といい，それぞれ次のように表す：

$$f_x(x,y), \ z_x, \ \frac{\partial f(x,y)}{\partial x}, \ \frac{\partial z}{\partial x}; \quad f_y(x,y), \ z_y, \ \frac{\partial f(x,y)}{\partial y}, \ \frac{\partial z}{\partial y}.$$

偏導関数は $f(x, y)$ の一方の変数を定数とみなし，他方の変数について微分すればよく，1変数関数の微分の公式を適用できる．偏導関数 f_x, f_y を求めることを，$f(x, y)$ を x あるいは y について**偏微分する**という．

偏導関数 f_x, f_y はまた，2変数 x, y の関数であるから，さらにこれらの偏導関数も考えられる．これらの偏導関数が存在すれば，

$$f_{xx} = \frac{\partial^2 f}{\partial x^2}, \quad f_{xy} = \frac{\partial^2 f}{\partial y \partial x}, \quad f_{yx} = \frac{\partial^2 f}{\partial x \partial y}, \quad f_{yy} = \frac{\partial^2 f}{\partial y^2}$$

などと書き，2階の偏導関数という．2階の偏導関数 f_{xy}, f_{yx} が共に連続である場合，$f_{xy} = f_{yx}$ となることが知られている．3階以上も同様に考える．

3変数以上の多変数関数についても，偏導関数を求めるには，1つの変数以外を定数とみなした1変数関数として微分すればよい．

例題 1.1 次の関数の偏導関数と2階の偏導関数を求めよ．

$$f(x, y) = 3x^2 - 4xy^2 + 7y^3 \ ; \quad f(x, y, z) = 2x^2 y + 5xyz + y^2 z + z^3$$

[解] 1) $f(x, y)$: $f_x = 6x - 4y^2$, $f_y = -8xy + 21y^2$, $f_{xx} = 6$, $f_{xy} = f_{yx} = -8y$, $f_{yy} = -8x + 42y$.

2) $f(x, y, z)$: $f_x = 4xy + 5yz$, $f_y = 2x^2 + 5xz + 2yz$, $f_z = 5xy + y^2 + 3z^2$, $f_{xx} = 4y$, $f_{xy} = f_{yx} = 4x + 5z$, $f_{xz} = f_{zx} = 5y$, $f_{yy} = 2z$, $f_{yz} = f_{zy} = 5x + 2y$, $f_{zz} = 6z$. ◇

関数 $z = f(x, y)$ の偏導関数 f_x, f_y は，この関数のグラフの xz-平面，yz-平面による切り口として現れる曲線の傾きを表しているが，曲面の様子を十分に表しているとはいえない．もとの関数の様子を知るには，偏微分可能であるだけではなく，さらに強い条件が必要になる．

関数 $z = f(x, y)$ の定義域内の点 P(a, b) に対して，定数 A, B を選んで，$(h, k) \to (0, 0)$，すなわち h, k を独立に0に近づけるとき，

(1.1) $$\frac{f(a+h, b+k) - f(a, b) - Ah - Bk}{\sqrt{h^2 + k^2}} \to 0$$

となるようにできるならば，関数 $z = f(x, y)$ は点 P(a, b) で**全微分可能**であるという．この場合，関数 $f(x, y)$ は点 P(a, b) で連続であり，定数

A, B について，$A = f_x(a, b)$, $B = f_y(a, b)$ となることがわかる．

関数 $z = f(x, y)$ が点 P(a, b) で全微分可能である場合，次の方程式で定まる平面を，$z = f(x, y)$ が定める曲面の**接平面**という：

(1.2) $\quad z - f(a, b) = A(x - a) + B(y - b)$.

ここに，$A = f_x(a, b)$, $B = f_y(a, b)$ である．

実際，空間内の点 $(a, b, 0)$ を通り，xy-平面に垂直な任意の平面による切り口を見ると，接平面の切り口の直線が，$z = f(x, y)$ が定める曲面の切り口の表す曲線に接していることがわかる．

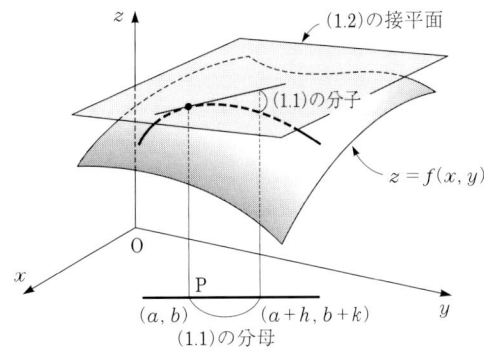

例題 1.2 $z = f(x, y) = x^2 + y^2 + 3xy$ のグラフ上の点 $(1, 2, 11)$ における接平面を求めよ．

[解] $f_x(1, 2) = 8$, $f_y(1, 2) = 7$ だから，求める接平面の方程式は
$$z - 11 = 8(x - 1) + 7(y - 2).\quad \diamond$$

関数 $z = f(x, y)$ が定義域 D の各点で全微分可能であるとき，関数 f は D で**全微分可能**であるといい，形式的に

(1.3) $\quad df = f_x(x, y)\, dx + f_y(x, y)\, dy$

と書いて，df を関数 $f(x, y)$ の**全微分**という．

例題 1.3 $f(x, y) = ax^2 + by^2 + c$（$a, b, c$：定数）の全微分を求めよ．

[解] $f_x(x, y) = 2ax$, $f_y(x, y) = 2by$ $\quad \therefore \quad df = 2ax\, dx + 2by\, dy$. $\diamond$

2 変数関数の全微分方程式

関数 $z = f(x, y)$ が全微分可能であり，パラメータ t を用いて，x, y が $x = x(t)$, $y = y(t)$ のように表され，これが t について微分可能ならば，合成関数

$$z(t) = f(x(t), y(t))$$

は t の 1 変数関数として微分可能で，その導関数は次式で与えられることが知られている：

(1.4) $\quad\displaystyle\frac{dz}{dt} = f_x(x(t), y(t))\frac{dx}{dt} + f_y(x(t), y(t))\frac{dy}{dt}.$

この式は関数 $z = f(x, y)$ の全微分の定義式 (1.3) になっている．もし，$\dfrac{dz}{dt} = 0$ が任意の関数 $x = x(t)$, $y = y(t)$ に対して成り立つならば，

$$f(x, y) = C \qquad (C：任意定数)$$

となることがわかる．この事実を使って，全微分方程式について考えよう．

2 変数の関数 $M(x, y)$, $N(x, y)$ について，次の式

(1.5) $\qquad\qquad M(x, y)\,dx + N(x, y)\,dy = 0$

を 2 変数関数の**全微分方程式**という．もし，この式の左辺が ある関数 $f(x, y)$ の全微分 df に等しければ，上の考察から，この全微分方程式の解は $f(x, y) = C$（C：任意定数）となる．このような関数 $f(x, y)$ が存在し，その 2 階の偏導関数が連続であれば，$M = f_x(x, y)$, $N = f_y(x, y)$ より，

$$M_y(= f_{xy} = f_{yx}) = N_x.$$

逆に，全微分方程式 (1.5) において，

(1.6) $\qquad\qquad\qquad M_y = N_x$

が成り立てば，

(1.7) $\qquad\displaystyle f(x, y) = \int_a^x M(x, y)\,dx + \int_b^y N(a, y)\,dy$

または

$$(1.8) \qquad f(x,y) = \int_a^x M(x,b)\,dx + \int_b^y N(x,y)\,dy$$

で与えられる関数 $f(x,y)$ に対して，$f(x,y) = C$（C：任意定数）が求める全微分方程式の解である．ここで，a, b は任意に選べる定数で，式を簡単化するものを選べる．具体的計算では，a, b として 0 が選ばれることが多い．等式 (1.6) を満たす全微分方程式 (1.5) を**完全微分方程式**という．

例題 1.4 次の全微分方程式を解け．
（1） $(1-y)\,dx + (1-x)\,dy = 0$
（2） $(1+y^2)\,dx + xy\,dy = 0$

［解］（1） $M = 1-y$，$N = 1-x$ とおくと，$\dfrac{\partial M}{\partial y} = \dfrac{\partial N}{\partial x} = -1$ だから与式は完全微分方程式である．(1.7) より，

$$f(x,y) = \int_0^x (1-y)\,dx + \int_0^y dy$$
$$= (1-y)x + y = C \qquad (C：任意定数)．$$

（2） $M = 1+y^2$，$N = xy$ とおくと，$\dfrac{\partial M}{\partial y} = 2y \neq \dfrac{\partial N}{\partial x} = y$ だから与式は完全微分方程式でないが，両辺に x を掛けて得られる

$$(x + xy^2)\,dx + x^2 y\,dy = 0$$

は完全微分方程式となる（各自確かめよ）．(1.7) より

$$f(x,y) = \int_0^x (x + xy^2)\,dx + \int_b^y 0\,dy$$
$$= \frac{1}{2}(1+y^2)x^2 = C \qquad (C：任意定数)． \quad \diamond$$

全微分方程式 $M\,dx + N\,dy = 0$ において，例題 1.4（2）のように，それ自身は完全微分方程式ではないが，ある関数 $\mu(x,y)$ を両辺に掛けると，完全微分方程式が得られる場合がある．このような場合に，関数 $\mu(x,y)$ を，与えられた全微分方程式 $M\,dx + N\,dy = 0$ の**積分因子**という．すなわち，例題 1.4（2）の場合は，$\mu(x,y) = x$ が積分因子である．

また，積分因子を掛けて求めた解は原式の解である．

3 変数関数の全微分方程式

2変数関数の場合と同様に考えることができるので，要点のみ述べる．
次の形の方程式を 3 変数関数の全微分方程式という：

(1.9) $F(x, y, z)$
$$\equiv P(x, y, z)\, dx + Q(x, y, z)\, dy + R(x, y, z)\, dz = 0.$$

$F = df$ となる ある関数 $f(x, y, z)$ が存在するための必要十分条件は

(1.10) $$\frac{\partial R}{\partial y} = \frac{\partial Q}{\partial z}, \quad \frac{\partial P}{\partial z} = \frac{\partial R}{\partial x}, \quad \frac{\partial Q}{\partial x} = \frac{\partial P}{\partial y}$$

で，等式 (1.10) を満たす全微分方程式 (1.9) を**完全微分方程式**という．
(1.9) が完全微分方程式であれば，その解は次のように書ける：

(1.11) $f(x, y, z)$
$$= \int_a^x P(x, b, c)\, dx + \int_b^y Q(x, y, c)\, dy + \int_c^z R(x, y, z)\, dz$$
$$= C \quad (C：任意定数).$$

また，(1.9) が完全微分方程式でないとき，適当な積分因子を $\mu(x, y, z)$ として，$\mu \cdot F = df$ となる $\mu(x, y, z), f(x, y, z)$ が存在するための必要十分条件は

(1.12) $$P\left(\frac{\partial R}{\partial y} - \frac{\partial Q}{\partial z}\right) + Q\left(\frac{\partial P}{\partial z} - \frac{\partial R}{\partial x}\right) + R\left(\frac{\partial Q}{\partial x} - \frac{\partial P}{\partial y}\right) = 0$$

となることが知られている．これを**積分可能条件**という．

例題 1.5 次の全微分方程式が積分可能条件を満たすことと，その積分因子として，$\mu = y^{-1}$ を選び得ることを示し，全微分方程式を解け．
$$yz\, dx + 2\, dy + xy\, dz = 0$$

[解] $P = yz,\ Q = 2,\ R = xy$ とおく．(1.10) を満たしてはいないが，(1.12) すなわち積分可能条件を満たしている．次に，$\mu = y^{-1}$ として，P, Q, R の代りに $\mu P, \mu Q, \mu R$ をとれば，(1.10) を満たすことがわかる．(1.11) の方針に沿って計算すれば，次式を得る：
$$xz + 2\log y = C \quad (C：任意定数). \quad \diamond$$

練習問題 1

1. 次の関数の偏導関数と 2 階の偏導関数を求めよ．
   - （1） $f(x, y) = ax^2 + 2bxy + cy^2$ 　　（a, b, c：定数）
   - （2） $f(x, y) = e^{-(x^2+y^2)} \sin(ax + by)$ 　　（a, b：定数）
   - （3） $f(x, y, z) = x^2 y + 3xy^2 + yz^2$

2. 次の関数の全微分を求めよ．
   - （1） $f(x, y) = ax^2 + bxy + cy^2$ 　　（a, b, c：定数）
   - （2） $f(x, y) = \log\sqrt{a^2 - x^2 - y^2}$ 　　（a：定数）

3. $f(x, y) = \sqrt{9 - x^2 - y^2}$ のグラフ上の点 $(2, 1, f(2, 1))$ における接平面を求めよ．

4. 次の全微分方程式を解け．
   - （1） $y(2x - y)\,dx + x(x - 2y)\,dy = 0$
   - （2） $(x^2 + y)\,dx + (x + e^y)\,dy = 0$

5. 次の全微分方程式を解け．
   - （1） $(x - y)\,dx - x\,dy + z\,dz = 0$
   - （2） $(3xz + 2y)\,dx + x\,dy + x^2\,dz = 0$
     （ヒント：各項に x を掛けてみよ）

§ 2. 多変数関数の積分

 2個以上の独立変数をもつ偏微分方程式を解いて(積分して)未知関数を求めるためには多変数関数を積分することが必要になる．この節では，1変数関数の積分と多変数関数の積分の違いに注意しながら，多変数関数の定積分である2重積分，多重積分などについての基礎的事項を物理的な視点から復習を兼ねて整理しておこう．詳しくは微積分のテキストを参照のこと．

1変数関数の不定積分と定積分

 関数 $F(x)$ の導関数が $f(x)$ であるとき，すなわち
$$F'(x) = f(x)$$
が成り立つとき，$F(x)$ を $f(x)$ の**不定積分**または**原始関数**という．関数 $F(x)$ が $f(x)$ の原始関数であれば，$F(x) + C$（C：定数）もまた $f(x)$ の原始関数であり，$f(x)$ のすべての原始関数は $F(x) + C$ と表示できることがわかる．関数 $f(x)$ の不定積分を記号

$$\int f(x)\, dx$$

で表す．よって，関数 $F(x)$ が $f(x)$ の原始関数であれば，

$$\int f(x)\, dx = F(x) + C \qquad (C：定数)$$

と表示できる．関数 $f(x)$ の不定積分を求めることを $f(x)$ を積分するといい，定数 C を積分定数という．

 閉区間 $[a, b]$ で定義された関数 $f(x)$ の原始関数 $F(x)$ について，値 $F(b) - F(a)$ は $f(x)$ の原始関数 $F(x)$ の選び方に無関係にきまるが，この値を閉区間 $[a, b]$ における $f(x)$ の**定積分**といい，記号

$$(2.1) \qquad \int_a^b f(x)\, dx = \Big[F(x) \Big]_a^b = F(b) - F(a)$$

と表す．特に，$a \leqq x \leqq b$ となる x に対して

§2. 多変数関数の積分

$$G(x) = \int_a^x f(x)\,dx$$

は $f(x)$ の原始関数である．

定積分の幾何学的意味を考察しよう．閉区間 $[a,b]$ において，関数 $f(x)$ は連続でかつ $f(x) \geqq 0$ とする．xy-平面に $y = f(x)$ のグラフを描き，このグラフと x-軸の間の a から x までの部分の図形の面積を $S(x)$ とおく．閉区間 $[x, x+\varDelta x]$ における関数 $f(x)$ の最大値を M，最小値を m とすれば，次の不等式が成り立つ：

$$m\varDelta x \leqq S(x+\varDelta x) - S(x) \leqq M\varDelta x .$$

$f(x)$ が連続だから，$\varDelta x \to 0$ のとき，M, m は共に $f(x)$ に限りなく近づき，

$$S'(x) = \frac{dS(x)}{dx} = \lim_{\varDelta x \to 0} \frac{S(x+\varDelta x) - S(x)}{\varDelta x} = f(x)$$

となる．よって，$S(x)$ は $f(x)$ の原始関数である．

したがって

$$\int_a^b f(x)\,dx = \Big[\,S(x)\,\Big]_a^b = S(b) - S(a) = S(b)$$

となり，曲線 $y = f(x)$ と x-軸および2直線 $x = a$, $x = b$ で囲まれた図形の面積が閉区間 $[a,b]$ における $f(x)$ の定積分の値に一致する．

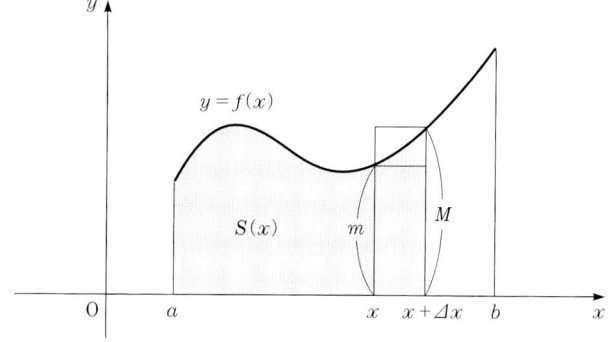

多変数関数の積分

多変数関数の積分は<u>どの変数から先に積分するか，またそれにともなってそれぞれの変数の積分領域の表し方が変わること</u>などに注意しなければならなくなる．したがって，1変数関数の積分は「逆積分」として不定積分を中心に考えてよかったが，多変数関数の積分はどうしても定積分が中心となり，それぞれの変数の領域の変化に注意して処理しなければならなくなる．

1変数関数の定積分が図形の面積に結び付いているように，2変数関数の定積分は図形の体積と結び付いている．実際，長方形
$$D = \{(x, y) : a \leq x \leq b,\ c \leq y \leq d\}$$
を定義域とする2変数の連続関数 $f(x, y)$ について，D 上で $f(x, y) \geq 0$ であるとすれば，その**重積分**（**2重積分**ともいう）
$$\iint_D f(x, y)\, dxdy$$
は，図形
$$V = \{(x, y, z) : a \leq x \leq b,\ c \leq y \leq d,\ 0 \leq z \leq f(x, y)\}$$
の体積になっている．本節では，重積分の定義に遡って記述することはせず，応用上重要な基本的事項についてまとめるだけにしよう．

2つの連続関数 $u_1(x)$, $u_2(x)$ について，閉区間 $[a, b]$ 上で
$$u_1(x) \leq u_2(x)$$
が成り立っている場合，集合

(2.2) $\quad D = \{(x, y) : a \leq x \leq b,\ u_1(x) \leq y \leq u_2(x)\}$

を**縦線集合**という．

また，2つの連続関数 $v_1(y)$, $v_2(y)$ について，閉区間 $[c, d]$ 上で
$$v_1(y) \leq v_2(y)$$
が成り立っている場合，集合

(2.3) $\quad D = \{(x, y) : c \leq y \leq d,\ v_1(y) \leq x \leq v_2(y)\}$

を**横線集合**という．

§2. 多変数関数の積分

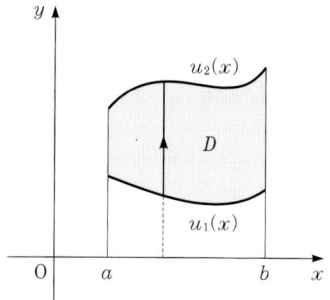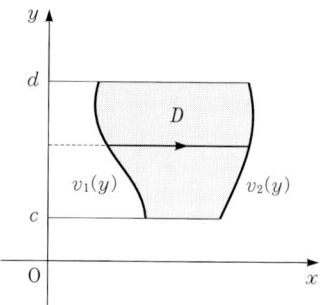

このような縦線集合または横線集合 D で定義された連続関数 $f(x,y)$ について，$f(x,y)$ は積分可能で，その重積分

$$\iint_D f(x,y)\,dxdy$$

が定まることが知られている．実は，このような集合で定義された連続関数 $f(x,y)$ については，次に述べるように，1 変数関数の定積分の繰り返しである**累次積分**によって重積分の計算が可能になる．

● 縦線集合 (2.2) の D 上の連続関数 $f(x,y)$ に対して次式が成り立つ：

(2.4) $\quad \iint_D f(x,y)\,dxdy = \int_a^b \left\{ \int_{u_1(x)}^{u_2(x)} f(x,y)\,dy \right\} dx$．

● 横線集合 (2.3) の D 上の連続関数 $f(x,y)$ に対して次式が成り立つ：

(2.5) $\quad \iint_D f(x,y)\,dxdy = \int_c^d \left\{ \int_{v_1(y)}^{v_2(y)} f(x,y)\,dx \right\} dy$．

もし，D が縦線集合かつ横線集合の両方で表すことができれば，上の 2 つの式の右辺が等しくなり，積分する変数の順序を入れ替えることができる．この操作を**積分順序の交換**という．

注意 偏微分のとき，一方の変数を定数として処理してから，その後 変数と考えたように，上の (2.4) や (2.5) の右辺において { } の中を計算するときは，一方の変数を固定して，1 変数の関数とみなして積分する．

このように，縦線集合や横線集合は重積分の計算を実行するのに都合のよい積分領域の例になっている．

例題 2.1 領域 D 上の重積分を求めよ.

（1） $x^2 + xy + 2y + 6$ 　　　$D = \{(x,y) : 0 \leqq x \leqq 1,\ 1 \leqq y \leqq 2\}$

（2） $xy + y$ 　　　　　　　　$D = \{(x,y) : x^2 + y^2 \leqq 4,\ y \geqq -1\}$

[解]　（1）
$$\iint_D (x^2 + xy + 2y + 6)\,dxdy$$
$$= \int_1^2 \left\{ \int_0^1 (x^2 + xy + 2y + 6)\,dx \right\} dy$$
$$= \int_1^2 \left[\frac{1}{3}x^3 + \frac{y}{2}x^2 + (2y+6)x \right]_0^1 dy$$
$$= \int_1^2 \left(\frac{5}{2}y + \frac{19}{3} \right) dy$$
$$= \left[\frac{5}{4}y^2 + \frac{19}{3}y \right]_1^2 = \frac{121}{12}.$$

（2）　$\displaystyle\iint_D (xy+y)\,dxdy = \int_{-1}^2 \left\{ \int_{-\sqrt{4-y^2}}^{\sqrt{4-y^2}} (xy+y)\,dx \right\} dy$
$$= \int_{-1}^2 \left[\frac{y}{2}x^2 + yx \right]_{-\sqrt{4-y^2}}^{\sqrt{4-y^2}} dy = 2\int_{-1}^2 y\sqrt{4-y^2}\,dy$$
$$= 2\left[\frac{(4-y^2)^{\frac{3}{2}}}{-3} \right]_{-1}^2 = 2\sqrt{3}.\quad \diamond$$

注意　例題 2.1 の重積分の計算において，積分領域が縦線集合または横線集合であることを利用して，累次積分によって積分値を求めた．（1）では積分領域が長方形領域なので，積分順序を変更しても計算の難しさは変わらない．（2）でも積分領域は横線集合であると同時に縦線集合になっているが，縦線集合として最初に y について積分する場合には 3 つの領域に分割して，
$$-2 \leqq x \leqq -\sqrt{3},$$
$$-\sqrt{3} \leqq x \leqq \sqrt{3},$$
$$\sqrt{3} \leqq x \leqq 2$$
に分けて計算することになる．実際の積分では，積分順序の選び方が大切である．

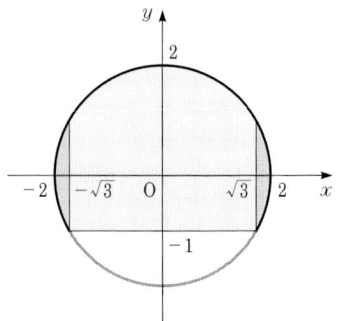

多重積分と変数変換

2変数関数の重積分と同様に，n変数関数のn重積分が定義できる．また，n重積分が1変数関数の定積分の繰り返しである累次積分によって計算できることも全く同様である．

1変数関数の定積分は面積を，2重積分は体積を表すのなら，3重積分は物理的にどんな量を表すのだろうという疑問が湧く．この疑問はルベーグの「測度論」に関する大事なものであるが物理的には被積分量を単位をもった内包量と考えるとよい．**内包量**は密度(＝質量/体積)のように，2つの大きさもしくは広がりの量(外延量)の商で定義されるもので，性質の強度を表す量である．例えば，空間図形Dの各点で密度を表す関数$\rho(x,y,z)$が与えられている場合，3重積分

$$\iiint_D \rho(x,y,z)\,dxdydz$$

はD内の全質量となる．2重積分もいつも体積を表すとは限らない．例えば，平面図形Dの各点で電荷の面密度$\sigma(x,y)$(＝電荷量/面積)が与えられている場合，2重積分

$$\iint_D \sigma(x,y)\,dxdy$$

はD内の全電荷量となる．

例題 2.2 次の3重積分を求めよ．

$$\iiint_D \frac{x}{x^2+y^2}\,dxdydz$$

$$D = \{(x,y,z) : 1 \leq z \leq 3,\ 0 \leq x \leq z,\ 0 \leq y \leq \sqrt{3}x\}$$

[解]　与式 $= \displaystyle\int_1^3 \int_0^z \left\{\int_0^{\sqrt{3}x} \frac{x}{x^2+y^2}\,dy\right\} dxdz = \int_1^3 dz \int_0^z \left[\tan^{-1}\frac{y}{x}\right]_0^{\sqrt{3}x} dx$

$\displaystyle = \int_1^3 dz \int_0^z \frac{\pi}{3}\,dx = \frac{\pi}{3}\int_1^3 z\,dz = \frac{\pi}{3}\left[\frac{1}{2}z^2\right]_1^3 = \frac{4}{3}\pi.$　◇

注意　ここで，$\displaystyle\int \frac{1}{y^2+a^2}\,dy = \frac{1}{a}\tan^{-1}\frac{y}{a}$であることを用いた．

1変数関数の積分に関して，変数変換による置換積分法を学んだように，多重積分についても変数変換により計算しやすい形に変形することがある．

例えば，x, y から u, v への変数変換
$$u = ax + by, \quad v = cx + dy \quad (ad - bc \neq 0)$$
によって xy-平面の図形 D が uv-平面の図形 D' に写されるとすれば，
$$(D' \text{の面積}) = |ad - bc| \times (D \text{の面積})$$
という関係にある．一方，この x, y から u, v への変数変換の**ヤコビアン** $J(x, y)$ を計算すると，
$$J(x, y) = \frac{\partial(u, v)}{\partial(x, y)} = \begin{vmatrix} \dfrac{\partial u}{\partial x} & \dfrac{\partial u}{\partial y} \\ \dfrac{\partial v}{\partial x} & \dfrac{\partial v}{\partial y} \end{vmatrix} \overset{(\text{行列式})}{=} \begin{vmatrix} a & b \\ c & d \end{vmatrix} = ad - bc$$
であるから，D と D' の面積比は<u>変数変換のヤコビアンの絶対値</u>に等しい．

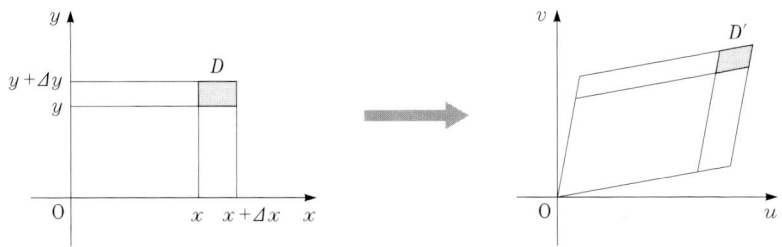

このような関係にあることを背景として，重積分の変数変換の公式が導かれるのだが，ここでは結果のみを述べておこう．

1) 2変数の場合： 2組の変数 (x, y) と (u, v) に対する変数変換
$$u = \psi_1(x, y), \quad v = \psi_2(x, y)$$
が与えられていて，逆に x, y について解くことができて，
$$x = \phi_1(u, v), \quad y = \phi_2(u, v)$$
と表示できる場合，この変換は1対1であるという．さらに，変数 u, v は x, y について偏微分可能で各偏導関数は連続であり，変数 x, y は u, v

について偏微分可能で各偏導関数は連続であるとする．

このような変数変換に関して，xy-平面上の縦線集合または横線集合 D が uv-平面上の領域 D' に写されているとしよう．このとき，D 上の連続関数 $f(x, y)$ に対して次の等式が成り立つ：

(2.6) $$\iint_D f(x, y)\, dxdy = \iint_{D'} F(u, v) \left|\frac{\partial(x, y)}{\partial(u, v)}\right| dudv$$

ただし，$x = \phi_1(u, v),\ y = \phi_2(u, v),\ F(u, v) \equiv f(\phi_1(u, v), \phi_2(u, v))$．

例題 2.3 次の変数変換の等式を証明せよ．

$$\iint_D f(x, y)\, dxdy = ab \iint_{D'} f(au, bv)\, dudv$$

ただし，$D: \dfrac{x^2}{a^2} + \dfrac{y^2}{b^2} \leqq 1,\ D': u^2 + v^2 \leqq 1$

［解］$\dfrac{x}{a} = u,\ \dfrac{y}{b} = v$ とおけば，$x = au,\ y = bv$ で領域 D から D' へ1対1に対応し，その逆も成り立つ．そして，

$$J(u, v) = \frac{\partial(x, y)}{\partial(u, v)} = \begin{vmatrix} a & 0 \\ 0 & b \end{vmatrix} = ab > 0.$$

よって，

$$\iint_D f(x, y)\, dxdy = \iint_{D'} f(x(u, v), y(u, v)) \left|\frac{\partial(x, y)}{\partial(u, v)}\right| dudv$$

$$= ab \iint_{D'} f(au, bv)\, dudv. \quad \diamond$$

2） 3変数の場合： 2重積分での変数変換の方法は3重積分での変数変換にも拡張される．x, y, z から u, v, w への変数変換

$$x = \phi_1(u, v, w),\qquad y = \phi_2(u, v, w),\qquad z = \phi_3(u, v, w)$$

によって，xyz-空間の領域 D が uvw-空間の領域 D' に写されたとすると，3重積分は次のように変換される：

(2.7)
$$\iiint_D f(x, y, z)\, dxdydz = \iiint_{D'} f(\phi_1, \phi_2, \phi_3) |J(u, v, w)|\, dudvdw.$$

他の多重積分の場合も全く同様に，変数変換のヤコビアンの絶対値を掛けて，変換した変数で積分すれば，もとの変数に関する積分の値に一致することが知られている．（3変数のヤコビアンの求め方は次の例題を参照せよ．）

例題 2.4 （球面座標） 次の3重積分

$$I = \iiint_D z\,dxdydz \qquad D: x^2+y^2+z^2 \leqq a^2,\ z \geqq 0,\ a>0$$

を球面座標 (r, θ, φ) の積分に変換して計算せよ．

［解］ 直角座標 (x, y, z) と球面座標 (r, θ, φ) との関係は

$$x = r\sin\theta\cos\varphi, \qquad y = r\sin\theta\sin\varphi, \qquad z = r\cos\theta$$

$$(r>0,\ 0\leqq\theta\leqq\pi,\ 0\leqq\varphi<2\pi)$$

となるから（右の図を参照せよ），この場合のヤコビアンは

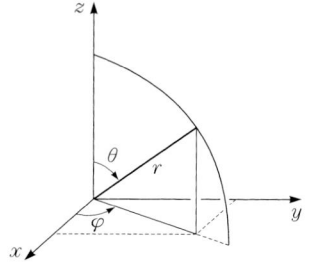

$$J(r,\theta,\varphi) = \begin{vmatrix} \dfrac{\partial x}{\partial r} & \dfrac{\partial x}{\partial \theta} & \dfrac{\partial x}{\partial \varphi} \\ \dfrac{\partial y}{\partial r} & \dfrac{\partial y}{\partial \theta} & \dfrac{\partial y}{\partial \varphi} \\ \dfrac{\partial z}{\partial r} & \dfrac{\partial z}{\partial \theta} & \dfrac{\partial z}{\partial \varphi} \end{vmatrix}$$

$$= \begin{vmatrix} \sin\theta\cos\varphi & r\cos\theta\cos\varphi & -r\sin\theta\sin\varphi \\ \sin\theta\sin\varphi & r\cos\theta\sin\varphi & r\sin\theta\cos\varphi \\ \cos\theta & -r\sin\theta & 0 \end{vmatrix}$$

$$= r^2\sin\theta.$$

したがって，

$$\iiint_D z\,dxdydz = \iiint_{D'} r\cos\theta \cdot r^2\sin\theta\,drd\theta d\varphi$$

$$= \int_{-\pi}^{\pi} d\varphi \int_0^{\frac{\pi}{2}} \cos\theta\sin\theta\,d\theta \int_0^a r^3\,dr$$

$$= 2\pi \cdot \frac{1}{2} \cdot \frac{1}{4}a^4 = \frac{\pi}{4}a^4. \quad \diamond$$

練習問題 2

1. 次の定積分を計算せよ．

(1) $I = \int_0^2 (2x+3)^2 \, dx$ (2) $I = \int_0^1 x^2\sqrt{1-x} \, dx$

2. 次の2重積分を求めよ．

(1) $\int_0^1 \int_1^2 (x^2-y) \, dy dx$ (2) $\int_0^1 dx \int_0^x y \, dy$

3. 次の2重積分を求めよ．

(1) $\int_0^1 dx \int_x^{\sqrt{x}} (x^2+y^2) \, dy$

(2) $\iint_D (x^2+y^2) \, dxdy \qquad D: x+y \leqq 1, \ x \geqq 0, \ y \geqq 0$

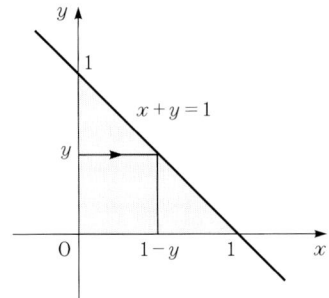

4. 次の定積分の積分する順序を交換して表示せよ．

$$I = \int_a^b dx \int_a^{a+b-x} f(x,y) \, dy$$

5. 次の3重積分を求めよ．

$$I = \int_0^{\frac{\pi}{2}} \int_0^{\varphi} \int_{a\sin\theta}^a r\sin^2\theta \cos\theta \cos\varphi \, dr d\theta d\varphi$$

§3. 偏微分方程式とその解法

偏微分方程式とその階数

流体力学,熱伝導の理論,反応・拡散の理論,電磁気学など,いずれの分野においても,多くの物理現象は偏微分方程式で記述することができる.

偏微分方程式とは,2つ以上の変数についての未知関数とその偏導関数を含む方程式のことである.与えられた偏微分方程式を解くことは,ある関数とその偏導関数が与えられた方程式を満たすような,そのような関数を求めることである.

よく知られた偏微分方程式の例として,

$$u_{tt} = u_{xx} + u_{yy} \quad \left(\frac{\partial^2 u}{\partial t^2} = \frac{\partial^2 u}{\partial x^2} + \frac{\partial^2 u}{\partial y^2} \right) \quad (波動方程式),$$

$$u_t = u_{xx} + u_{yy} \quad \left(\frac{\partial u}{\partial t} = \frac{\partial^2 u}{\partial x^2} + \frac{\partial^2 u}{\partial y^2} \right) \quad (熱伝導方程式)$$

を挙げておこう.この2つの例では,u は3変数 x, y, t の関数 $u(x, y, t)$ であり,x, y は座標,t は時間を表している.

偏微分方程式に含まれる偏導関数の最高階数をその偏微分方程式の**階数**という.2変数 x, y の関数 $u(x, y)$ に対する一般の1階偏微分方程式は

$$F(x, y, u, u_x, u_y) = 0$$

の形で表示できる.同様に,一般の2階偏微分方程式は

$$G(x, y, u, u_x, u_y, u_{xx}, u_{xy}, u_{yy}) = 0$$

の形で表示できる.ここに,F, G はあらかじめ与えられた関数である.

例えば,$u(x, y)$ に対して,

$$a u_x + b u_y = cu \quad (a, b, c：定数)$$

は1階偏微分方程式であり,先に挙げた波動方程式,熱伝導方程式などは2階偏微分方程式である.

簡単な偏微分方程式とその解

ここでは 2 変数の未知関数 $u(x, y)$ についての簡単な偏微分方程式の例とその解法を述べよう.

例 3.1　　$u_y = 0$.

この式は関数 $u(x, y)$ が y の値に依存しないことを示しており, $u(x, y)$ は x だけの関数である. よって,
$$u(x, y) = f(x)$$
と表示される. ここに, $f(x)$ は x についての任意関数である. ◇

例 3.2　　$a u_x + b u_y = 0$　　(a, b は定数で, $\neq 0$).

この方程式を解くには, 変数 x, y の代りに新しい変数 s, t を次の関係
$$s = ay - bx, \qquad t = ay + bx$$
によって導入すると便利である. これを x, y について解くと,
$$x = \frac{t - s}{2b}, \qquad y = \frac{t + s}{2a}$$
となり, $u(x, y)$ に代入すると,
$$u(x, y) = u\left(\frac{t - s}{2b}, \frac{t + s}{2a}\right) = U(s, t)$$
と書くことができる.

2 つの関数 $u(x, y)$ と $U(s, t)$ の偏導関数の間には次の関係がある:
$$\begin{cases} u_x = U_s \dfrac{\partial s}{\partial x} + U_t \dfrac{\partial t}{\partial x} = -b U_s + b U_t, \\ u_y = U_s \dfrac{\partial s}{\partial y} + U_t \dfrac{\partial t}{\partial y} = a U_s + a U_t. \end{cases}$$
この 2 式を与えられた偏微分方程式に代入すると
$$2ab U_t(s, t) = 0$$
となり, $U_t(s, t) = 0$ を得る. したがって, $U(s, t)$ が t の値に依存しないことがわかるから, s についての任意関数 $g(s)$ を用いて, $U(s, t) = g(s)$ と表される. 変数をもとに戻して, 求める解は
$$u(x, y) = g(ay - bx)$$
となる. ◇

例 3.3　　$u_{xy} = 0$．

この式は関数 $u_x(x, y)$ が y の値に依存しないことを示しており，$u_x(x, y)$ は x だけの任意関数 $F(x)$ を用いて，$u_x(x, y) = F(x)$ と表示できる．よって，

$$u(x, y) = \int F(x)\, dx + g(y) = f(x) + g(y)$$

と表示される．ここに $f(x), g(y)$ はそれぞれ x, y についての任意関数である．1 変数の不定積分では積分定数がついたが，2 変数(以上)の場合には，積分を考えた変数以外の変数からなる任意関数がつく．　◇

例 3.4　　$u_{xx} = u_{yy}$．

この方程式を解くにも例 3.2 と同じように変数変換

$$s = y - x, \qquad t = y + x$$

を行うと都合がよい．ここで，

$$u(x, y) = U(s, t)$$

とおけば，2 階の偏導関数の間に次の関係が成り立つ：

$$\begin{cases} u_{xx} = U_{ss} - 2U_{st} + U_{tt}, \\ u_{yy} = U_{ss} + 2U_{st} + U_{tt}. \end{cases}$$

これをもとの方程式に代入すると

$$U_{st}(s, t) = 0$$

を得る．例 3.3 によって，任意関数 $f(s), g(t)$ を用いて，

$$U(s, t) = f(s) + g(t)$$

と表されるので，求める解は

$$u(x, y) = f(y - x) + g(y + x). \quad ◇$$

例 3.1，例 3.2 は 1 階偏微分方程式であり，その解は共に 1 つの任意関数を用いて表示された．例 3.3，例 3.4 は 2 階偏微分方程式であり，その解は共に 2 つの任意関数を用いて表示された．

一般的に，n 階常微分方程式の一般解は <u>n 個の任意定数</u> を含むのに対し，**n 階偏微分方程式**の解が <u>n 個の任意関数</u> を用いて表示されるとき，その解を**一般解**という．

完全解の任意定数を消去して一般解を求める

まず例を示し，後で説明を与えよう．

例 3.5 関数 $u(x,y) = ax + by$（a, b：任意定数）は，偏微分方程式
$$u(x,y) = x u_x + y u_y$$
の解である（各自確かめよ）．しかし，これは一般解ではない．なぜならば，前頁の説明から，一般解には（解を満たす形で）任意関数が含まれていなければならないからである．この解を利用してこの偏微分方程式の一般解を求めてみよう．

任意関数 f を使って，$b = f(a)$ とおけば
$$u = ax + f(a)y \qquad \cdots \text{①}$$
この等式を x, y, u, a に関する関係式とみて，両辺を a について偏微分すると，
$$0 = x + f'(a)y \qquad \cdots \text{②}$$
したがって，
$$f'(a) = -\frac{x}{y}$$
となり，a について解くことができれば，<u>a は x/y の関数になる</u>ことがわかる．
① $-$ ② $\times a$ より，
$$u = \{f(a) - af'(a)\} y .$$
よって，u/y は a すなわち x/y の関数になるから，任意関数 $g(x/y)$ を用いて
$$\frac{u}{y} = g\!\left(\frac{x}{y}\right) \qquad \therefore \quad u = y\, g\!\left(\frac{x}{y}\right)$$
と表示される．

実際，任意関数 g に対して，関数 $u = yg(x/y)$ はもとの偏微分方程式を満たしている（各自確かめよ）．よって，$u(x,y) = yg(x/y)$ が一般解である． ◇

一般に，与えられた偏微分方程式を満たす解で，<u>独立変数の個数と同じ数の任意定数</u>を含む解を**完全解**という．上の例3.5では，$u = ax + by$（a, b：任意定数）は，偏微分方程式 $u = xu_x + yu_y$ の完全解である．

この例のように，完全解から任意定数を消去して，一般解が求められる場合が多い．偏微分方程式が完全解をもつことは常微分方程式と違うところである．

偏微分方程式の主要な解法

偏微分方程式の厳密な数学的理論は難しいが，応用する立場から偏微分方程式の主要な解法をまとめてみよう．

（1） **求積法**： 微分積分，四則演算，対数法則，指数法則などを有限回組み合わせて，偏微分方程式の解を求める方法を求積法という．求積法で解析的に解が求められるのは，特殊な形をした偏微分方程式に限定されるが，最も基本的で大事な解法である．

（2） **座標変換・未知関数の変換**： 座標変換によって，取り扱いやすい別の形の偏微分方程式に変換したり，未知関数を求めやすい新しい未知関数に変換してから，求積法を適用する方法．

（3） **変数分離法**： 求める解を個々の独立変数のみの関数の積と仮定して，これをもとの偏微分方程式に代入し，独立変数の個数と同じ数の常微分方程式に変形して解く方法である．この方法は求積法と共に古くから知られている応用上最も重要な解法である．

（4） **積分変換法**： 種々の積分変換を利用して n 個の独立変数の偏微分方程式を $n-1$ 変数の偏微分方程式に変換する方法で，これを繰り返せば最後に1変数の常微分方程式に帰着する．フーリエ変換，ラプラス変換などの方法がよく使われる．

（5） **グリーン関数法**： 問題の初期条件と境界条件を単純なインパルスの形に分解し，各インパルスごとに応答を求める手法で，これらの応答を加え合わせることによって全体の応答が求められる．グリーン関数 $G(x, y)$ は一般に点 y における外からの単位インパルスに対する点 x での場の応答を表している．線形偏微分方程式で記述される場のインパルスが $f(y)$ であれば，それに対する応答は $f(y)\cdot G(x, y)$ の y についての積分で表される．この解法は**インパルス応答法**とも呼ばれ，§11 でポアソン方程式を解くのに

使われる．

(6) **積分方程式・変分法**： 偏微分方程式を積分方程式(積分の中に未知関数を含む関数方程式)に変換して解く方法．積分方程式はいろいろな方法で解かれ，変分法はその1つの方法である．独立変数，未知関数，その導関数を含む定積分が最小値をとるような関数を求める方法が変分法で，物理学の基本法則は変分法の形式で表されることが多い．

(7) **摂動法(逐次近似法)**： 与えられた偏微分方程式を解が具体的に知られている偏微分方程式からの微小摂動とみなして，与えられた偏微分方程式の解を既知の偏微分方程式の解で近似的に表す方法．非線形問題の解法を線形問題の解法に変える方法もある．

(8) **数値計算**： 偏微分方程式を連立差分方程式に変え，反復計算によって近似的に解く方法が差分法である．問題とする領域を三角形分割などにより互いに重ならない小部分(有限要素)に分割し，各要素ごとに簡単な式で近似し，全体として最も良い近似になるように各要素の係数をきめる手法が**有限要素法**である．

(9) **固有関数展開**： 偏微分方程式の解を固有関数の無限和の形で求める方法．これらの固有関数はもとの問題に対応する固有値問題を解くことによって求められる．

なじみのない言葉もあると思うが，いま理解できなくても気にしないでよい．

本書では(1),(2),(3)の解法を中心に解説する．

先に述べた例3.1，例3.3は(1)の求積法で，例3.2，例3.4は(2)の座標変換によって解いている．

初期値問題と境界値問題

偏微分方程式の一般解を求めたとしても無数に多くの解をもった形なので，現実の現象を考察するには不十分である．考察の対象となる領域を明らかにし，その境界では物理量がどのように分布しているか，すなわち**境界条件**と，考察を始める時刻の物理量の分布状況，すなわち**初期条件**を満足するものでなければならない．

偏微分方程式において，与えられた境界条件を満たすような解を求める問題を**境界値問題**（または**ディリクレ問題**）といい，初期条件を満たすような解を求める問題を**初期値問題**（または**コーシー問題**）という．さらに，初期条件と境界条件を満たすような解を求める問題を**混合問題**という．

常微分方程式の場合は独立変数が1つなので，その独立変数の範囲，すなわち領域の境界は点であり，境界条件はその領域の両端の2点での数値を与えればよかった．偏微分方程式の場合，独立変数が2個以上になるので，独立変数の範囲（すなわち領域）の境界は，2変数の場合は（閉）曲線，3変数の場合は（閉）曲面になる．境界条件はその曲線あるいは曲面上のすべての点で与えられなければならないから，一般に独立変数の関数（分布関数）で与えられる．

境界条件や初期条件が適切に与えられていれば，多くの解の中からただ1つの解を選びだすことができる．そのような条件を**決定条件**という．

例題 3.1 2変数 x, y についての偏微分方程式 $u_{xx} = u_{yy}$（$|y| \leq x$）の解 $u(x, y)$ で，

境界条件： $u(l, -l) = \cos 2l$,
$u(l, l) = \cos 2l$

（$l \geq 0$）を満たす関数を求めよ．

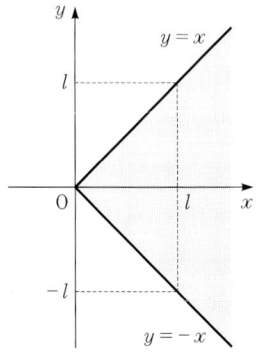

[解] 与えられた偏微分方程式の一般解は，任意関数 f, g を用いて
$$u(x, y) = f(y - x) + g(y + x)$$
と表される（例3.4参照）ので，
$$u(l, -l) = f(-2l) + g(0) = \cos 2l, \qquad u(l, l) = f(0) + g(2l) = \cos 2l.$$
$$\therefore \quad f(\sigma) = \cos \sigma - g(0), \qquad g(\tau) = \cos \tau - f(0) \quad \cdots (*)$$
また，上の式から $f(0) + g(0) = u(0, 0) = \cos 0 = 1$. よって，求める関数は $(*)$ を一般解に代入して
$$u(x, y) = \cos(y - x) + \cos(y + x) - \{g(0) + f(0)\}$$
$$= 2\cos x \cos y - 1. \quad \diamondsuit$$

練 習 問 題 3

1. 関数 $u(x, y)$ の次の偏微分方程式について，その階数と線形か非線形かを答えよ．ただし，$a(x, y)$, $b(x, y)$, $c(x, y)$ は既知関数とする．また，未知関数とその偏導関数たちについて1次式であれば**線形**，そうでなければ**非線形**であるという．

（1） $u_y + u\,u_x = 0$ 　　　　　　（2） $u_{xx} - x\,u_{yy} = a(x, y)$

（3） $u_y = u_{xx} + b(x, y)u$ 　　　（4） $u_y - u_{xxx} + u\,u_x = c(x, y)$

2. 次の偏微分方程式の一般解を求めよ．ただし，$a(x, y)$ は既知関数とする．

（1） $u_x(x, y) = a(x, y)$ 　　　　（2） $u_{xx}(x, y) = 0$

（3） $u_{xxx}(x, y) = 0$ 　　　　　（4） $u_{xxyy}(x, y) = 0$

3. 関数 $u(x, y)$ の次の偏微分方程式の解を，$f(x)$ と $g(y)$ の和または積の形と仮定して，完全解を求めよ．

（1） $u_x u_y = k$ （k：定数） 　　（2） $u_x u_y = xy$

（3） $u_x + u\,u_y = 0$ 　　　　　　（4） $u_x{}^2 + u_y{}^2 = 1$

4. 偏微分方程式 $u_{xy}(x, y) = 0$ を解き，境界条件 $u(x, 0) = \sin x$, $u(0, y) = y$ を満足する解を求めよ．

§4. 1階偏微分方程式

準線形1階偏微分方程式

最高階の偏導関数について1次式である方程式は**準線形偏微分方程式**と呼ばれる．2変数の未知関数 $u(x, y)$ に対する**準線形1階偏微分方程式**は

(4.1) $\quad A(x, y, u) u_x + B(x, y, u) u_y = C(x, y, u)$

と書かれる．ここで A, B, C は x, y, u の与えられた関数で，考えている領域で1回連続微分可能，すなわち関数自身が連続で，その1階偏導関数も連続で，$A^2 + B^2 \neq 0$（A と B が同時に 0 にならないことを意味する）と仮定する．

(4.1) は一般に線形偏微分方程式とは限らないが，未知関数 u の1階の導関数 $u_x = \partial u/\partial x$, $u_y = \partial u/\partial y$ に関しては1次式になっている．(4.1) を満たす1回連続微分可能な解 $u = u(x, y)$ は3次元の xyu-空間で考えると，滑らかな**解曲面**（または**積分曲面**）を表している．

本節では，このような準線形の1階偏微分方程式について，**特性曲線法**と呼ばれる解法を紹介しよう．連立常微分方程式

(4.2) $\quad \dfrac{dx}{d\sigma} = A(x, y, u), \quad \dfrac{dy}{d\sigma} = B(x, y, u), \quad \dfrac{du}{d\sigma} = C(x, y, u)$

を (4.1) に対する**特性方程式**といい，特性方程式の解が表す曲線を (4.1) の**特性曲線**という．σ はこの特性曲線に沿って変化する新しい座標とみなされる．したがって，特性曲線を次のように表示することもできる：

(4.3) $\quad x = x(\sigma), \quad y = y(\sigma), \quad u = u(\sigma).$

さて，偏微分方程式 (4.1) の解曲面 $u = u(x, y)$ に対して，σ の関数

$$u(\sigma) = u(x(\sigma), y(\sigma))$$

を考える．このとき，(4.2) より

$$\dfrac{du}{d\sigma} = u_x \dfrac{dx}{d\sigma} + u_y \dfrac{dy}{d\sigma} = A u_x + B u_y = C$$

§4. 1階偏微分方程式

が成り立つので，特性曲線 (4.3) の始点 $(x(0), y(0), u(0))$ が解曲面 $u = u(x, y)$ 上にのっていれば，特性曲線上のすべての点がこの解曲面上にのっていることになる．すなわち，(4.1) の解曲面 $u = u(x, y)$ は，その上の各点を通る特性曲線を含んでいる．

例題 4.1 関数 $u(x, y)$ の偏微分方程式
$$A u_x + B u_y = C \qquad (A, B, C：定数，A^2 + B^2 \neq 0)$$
について，すべての特性曲線を求めよ．

[解] 特性方程式は $\dfrac{dx}{d\sigma} = A$, $\dfrac{dy}{d\sigma} = B$, $\dfrac{du}{d\sigma} = C$ （σ：パラメータ）
であり，これを解けば，特性曲線は次の形に表示される：
$$x = A\sigma + x_0, \quad y = B\sigma + y_0, \quad u = C\sigma + u_0 \qquad (x_0, y_0, u_0：任意定数). \quad \diamondsuit$$

特性曲線を xy-平面へ射影した曲線を**特性基礎曲線**と呼ぶ．すなわち，特性曲線が (4.3) で表示される場合，
$$x = x(\sigma), \qquad y = y(\sigma)$$
で与えられる xy-平面上の曲線が特性基礎曲線である．

《考察》 例題 4.1 の場合について考察を続けよう．直線 $Ax + By = 0$ はすべての特性基礎曲線 ($Ay - Bx = $ 定数) に直交している．この直線は s をパラメータとして $x = Bs$, $y = -As$ と表示できる．直線 $Ax + By = 0$ を含み xy-平面に垂直な平面と，与えられた偏微分方程式の解曲面との交わりの曲線は，関数 $f(s)$ を選んで $(Bs, -As, f(s))$ と表示できる．この値を例題 4.1 で求めた特性曲線の (x_0, y_0, u_0) に代入して，次式を得る：
$$x = A\sigma + Bs, \quad y = B\sigma - As, \quad u = C\sigma + f(s).$$
最初の 2 式から $\sigma = (Ax + By)/(A^2 + B^2)$, $s = (Bx - Ay)/(A^2 + B^2)$ となり，これを第 3 式に代入してまとめた次式が求める一般解である：
$$u = \frac{C}{A^2 + B^2}(Ax + By) + f\left(\frac{Bx - Ay}{A^2 + B^2}\right).$$

初期曲線と 1 階偏微分方程式の一般解

一般の準線形偏微分方程式 (4.1) とその特性曲線 (4.3) に話を戻そう．s をパラメータとする曲線

$$x = x_0(s), \quad y = y_0(s)$$

がすべての特性基礎曲線と接することなく交わっている場合，この曲線を偏微分方程式 (4.1) の**基礎曲線**と呼ぶ．前のページの《考察》における直線 $Ax + By = 0$ はこのような性質を満たしている．基礎曲線を含み xy-平面に垂直な柱面と偏微分方程式 (4.1) の解曲面との交わりの曲線は，関数 $u_0(s)$ を選んで

(4.4) $\qquad x = x_0(s), \quad y = y_0(s), \quad u = u_0(s)$

と表示できる．この曲線を偏微分方程式 (4.1) の**初期曲線**と呼ぶ．

初期曲線上の点を通る特性曲線たちは 2 変数 σ, s をパラメータとして表示できるが，逆に σ, s を，x, y の式で表示できれば，その式を u を表す式に代入して，(4.1) の解となる関数 $u = u(x, y)$ を求められる．このようにして偏微分方程式 (4.1) の一般解を求める方法を**特性曲線法**という．

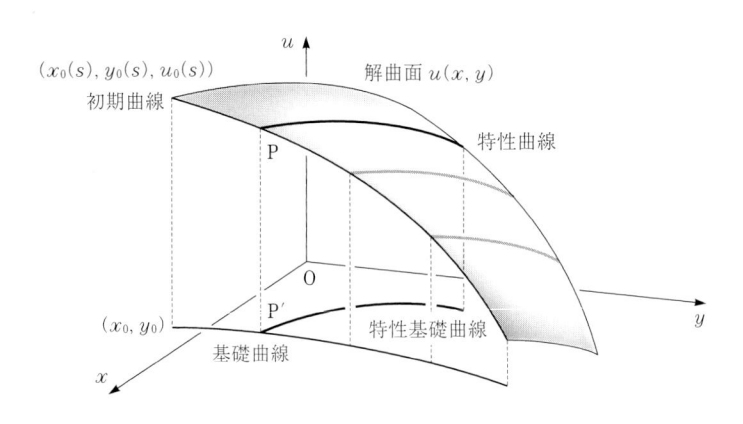

例題 4.2 特性曲線法により，関数 $u(x, y)$ の準線形 1 階偏微分方程式 $u_x + x u_y = 1$ の一般解を求めよ．

[**解**]　特性方程式は　$\dfrac{dx}{d\sigma} = 1$，　$\dfrac{dy}{d\sigma} = x$，　$\dfrac{du}{d\sigma} = 1$　（σ：パラメータ）．
これを解いて得られる特性曲線は

$$x = \sigma + x_0, \quad y = \frac{1}{2}\sigma^2 + x_0\sigma + y_0, \quad u = \sigma + u_0 \qquad ①$$

（x_0, y_0, u_0：任意定数）である．よって，特性基礎曲線たちは，

$$y - \frac{1}{2}x^2 = 定数$$

と表示できる．実際，①の x と y の式から σ を消去して

$$y = \frac{1}{2}(x - x_0)^2 + x_0(x - x_0) + y_0 = \frac{1}{2}x^2 - \frac{1}{2}x_0^2 + y_0$$

を得るからである．

　さて，xy-平面における y 軸は，これらすべての特性基礎曲線たちと，接することなく交わっている（実は直交している）ので，基礎曲線として y 軸を選ぶことができる．よって，初期曲線として

$$x_0 = 0, \quad y_0 = s, \quad u_0 = g(s)$$

を選べる．この結果，特性曲線は次のようにパラメータ σ, s を用いて表せる：

$$x = \sigma, \quad y = \frac{1}{2}\sigma^2 + s, \quad u = \sigma + g(s).$$

最初の2式から σ, s を x, y で表示すると $\sigma = x$，$s = y - \dfrac{1}{2}x^2$ を得るので，これを $u = \sigma + g(s)$ に代入して

$$u = x + g\left(y - \frac{1}{2}x^2\right)$$

を得る．すなわち，g を任意関数としたとき，上の式が求める一般解である．実際，$u_x = 1 - xg'$，$u_y = g'$ となるので，$u_x + x u_y = 1$．　◇

　注意　例題4.1と4.2では，特性方程式を

$$\dfrac{dx}{d\sigma} = A, \quad \dfrac{dy}{d\sigma} = B, \quad \dfrac{du}{d\sigma} = C; \quad \dfrac{dx}{d\sigma} = 1, \quad \dfrac{dy}{d\sigma} = x, \quad \dfrac{du}{d\sigma} = 1$$

と表示したが，物理のテキストでは，これを形式的に次のように書くことが多い：

$$\frac{dx}{A} = \frac{dy}{B} = \frac{du}{C} = d\sigma; \quad dx = \frac{dy}{x} = du = d\sigma.$$

本書でも，今後この表し方を用いることがある．

準線形1階偏微分方程式の初期値問題

関数 $u(x,t)$ の次の準線形1階偏微分方程式の初期値問題を考えよう．

(4.5) $\quad\quad\quad a(x,t)u_x + b(x,t)u_t + c(x,t)u = 0,$

(4.6) $\quad\quad\quad$ 初期条件： $u(x,0) = \varphi(x) \quad (-\infty < x < \infty).$

係数 a, b, c が u に依存しないので，特性方程式

(4.7) $\quad\quad\quad \dfrac{dx}{d\sigma} = a(x,t), \quad \dfrac{dt}{d\sigma} = b(x,t)$

を解くことができて，特性基礎曲線たちが定まる．それを $x = x(\sigma)$, $t = t(\sigma)$ と表示する．さらに，$x(0) = x_0$, $t(0) = t_0$ となることを強調するため，$x = x(\sigma; x_0, t_0)$, $t = t(\sigma; x_0, t_0)$ と表示しよう．このようにして定まる特性基礎曲線たちに対して，基礎曲線 $x = x_0(\tau)$, $t = t_0(\tau)$ を選ぶことができる．このとき，

$$x = x(\sigma, \tau) = x(\sigma; x_0(\tau), t_0(\tau)), \quad t = t(\sigma, \tau) = t(\sigma; x_0(\tau), t_0(\tau))$$

と表示できる．これを逆に解いて $\sigma = \sigma(x,t)$, $\tau = \tau(x,t)$ と表示する．次に，u に関する特性方程式

(4.8) $\quad\quad\quad \dfrac{\partial u(\sigma, \tau)}{\partial \sigma} = -c(x(\sigma, \tau), t(\sigma, \tau))u(\sigma, \tau)$

から，$u = u(\sigma, \tau)$ を得る．このとき $u = u(x,t) = u(\sigma(x,t), \tau(x,t))$ が偏微分方程式 (4.5) の一般解になっている．最後に，初期条件 (4.6) を満たすように u の形をきめる．

例題 4.3 次の初期値問題を解け（$-\infty < x < \infty$, $0 \leq t < \infty$）．

$$x u_x + u_t = -t u(x,t), \quad\quad \text{初期条件}： u(x,0) = \cos x$$

［解］上の方針に沿って計算する．特性基礎曲線たちは $x = x_0 e^\sigma$, $t = \sigma + t_0$ となる．σ を消去して $x = x_0 e^{t-t_0}$ を得るので，基礎曲線として $x_0 = \tau$, $t_0 = 0$ を選ぶことができる．ゆえに，$x = \tau e^\sigma$, $t = \sigma$ となる．次に，

$\dfrac{\partial u(\sigma, \tau)}{\partial \sigma} = -\sigma u(\sigma, \tau),\ u(0, \tau) = \cos \tau\ $ を解くと $\ u(\sigma, \tau) = \cos \tau \cdot e^{-\frac{\sigma^2}{2}}.$

変換式より，t と x に戻すと解は $\ u(x,t) = \cos(x e^{-t}) \cdot e^{-\frac{t^2}{2}}.\quad \diamondsuit$

一般の1階偏微分方程式とその解

独立変数 x, y の未知関数 $u(x, y)$ と，その偏導関数 u_x, u_y の関係式

(4.9) $\qquad F(x, y, u, p, q) = 0; \qquad p = u_x, \ q = u_y$

を2変数に関する一般の1階偏微分方程式という．この方程式は準線形という制約を取り払って，非線形偏微分方程式を含む一般的な1階偏微分方程式であるから，一般解，完全解だけでなく特異解をもつ場合がある．

n 個の独立変数の1階偏微分方程式の場合，独立変数 $x_1, x_2, \cdots, x_n$ の個数に等しい数の任意定数 $c_1, c_2, \cdots, c_n$ を含む解を**完全解**，1つの任意関数を含む解を**一般解**，一般解の個々の場合を**特殊解**という．また，これらのどの解にも属さない解があれば，この解を**特異解**という．

準線形1階偏微分方程式 (4.1) の特性方程式を天下り的に (4.2) と与えたが，実は次のような幾何学的考察から導かれるものである．図の解曲面上の微分ベクトル (dx, dy, du) に対し，全微分 $du = u_x dx + u_y dy$ は，

(4.10) $\qquad u_x dx + u_y dy - du = (u_x, u_y, -1) \cdot (dx, dy, du) = 0$

とベクトルの内積の形に書けることから，2つのベクトル $(u_x, u_y, -1)$ と (dx, dy, du) は互いに直交している．よって，解曲面上の点 (x, y, u) における接平面の**法線ベクトル**は $(u_x, u_y, -1)$ となる．

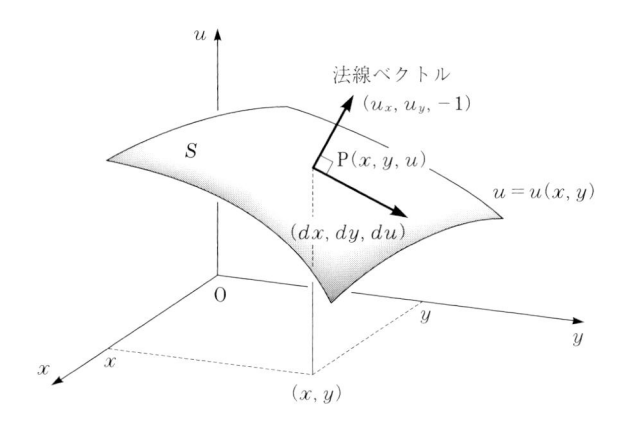

また，(4.1) はベクトルの内積を用いて次のように変形される：

(4.11) $\quad Au_x + Bu_y - C = (u_x, u_y, -1)\cdot(A, B, C) = 0$.

これは解曲面の法線ベクトル $(u_x, u_y, -1)$ とベクトル (A, B, C) は直交することを示している．(A, B, C) を**特性方向**と呼ぶ．したがって，方程式 (4.1) は空間の各点 (x, y, u) に特性方向を与えている．そこで，各点 (x, y, u) で特性方向 (A, B, C) と (4.10) の曲面上の微分ベクトル (dx, dy, du) が一致する曲線をあらためて**特性曲線**と呼ぶ．これは前に述べた特性方程式

(4.2)。 $\quad \dfrac{dx}{A} = \dfrac{dy}{B} = \dfrac{du}{C} = d\sigma \qquad (\sigma：パラメータ)$

で与えられる．

　一般の1階偏微分方程式 (4.9) の特性方程式を導くときも幾何学的考察がたいへん役立つ．この場合，解曲面 $u(x, y)$ に対し，u_x および u_y はその曲面上の点 (x, y, u) における接平面の法線方向 $(u_x, u_y, -1)$ を与えるが，その法線方向は (4.9) の条件を満足していなければならない．結論的に，一般の1階偏微分方程式 (4.9) に対する**特性方程式**は次式で与えられることが知られている：

(4.12) $\quad \dfrac{dx}{F_p} = \dfrac{dy}{F_q} = \dfrac{du}{pF_p + qF_q} = \dfrac{-dp}{F_x + pF_u} = \dfrac{-dq}{F_y + qF_u} = d\sigma$

ただし，$p = u_x, \quad q = u_y$．

ここで，パラメータ σ は解曲面上の特性曲線に沿って測られる変数である．(4.12) は5つの関数 $x(\sigma), y(\sigma), u(\sigma), p(\sigma), q(\sigma)$ に対する5つの連立常微分方程式になっており，特性曲線 $x(\sigma), y(\sigma), u(\sigma)$ を定めているだけでなく，接平面の法線ベクトル $(p(\sigma), q(\sigma), -1)$ をも同時に定めている．

　実際，(4.12) の解曲線を $x = x(\sigma), y = y(\sigma), u = u(\sigma), p = p(\sigma), q = q(\sigma)$ とし，(4.9) の $F(\sigma) = F(x(\sigma), y(\sigma), u(\sigma), p(\sigma), q(\sigma))$ について合成関数の微分をすると，(4.12) によって，$dx/F_p = d\sigma$ から $dx/d\sigma$

$= F_p$ が形式的に得られることなどを用いて

$$\frac{dF}{d\sigma} = F_x \frac{dx}{d\sigma} + F_y \frac{dy}{d\sigma} + F_u \frac{du}{d\sigma} + F_p \frac{dp}{d\sigma} + F_q \frac{dq}{d\sigma}$$

$$= F_x F_p + F_y F_q + F_u(pF_p + qF_q)$$
$$\quad - F_p(F_x + pF_u) - F_q(F_y + qF_u)$$

$$= 0.$$

よって，$F(\sigma) = $ 一定 であることがわかる．すなわち，特性方程式 (4.12) の解曲線に沿って微分方程式 (4.9) の成り立つことが示された．このように，特性方程式を解いて微分方程式 (4.9) の解を求める方法（一般的な特性曲線法）を**シャルピの解法**という．

練 習 問 題 4

1. 次の準線形 1 階偏微分方程式の一般解を求めよ（$u = u(x, y)$）．
  （1） $u_x + u_y + 3u = 0$ 　　（2） $u_x + u_y + yu = 0$
  （3） $x u_x + y u_y = 2xy$ 　　（4） $x u_x - y u_y = 0$
  （5） $x u_x + y u_y = 3u$

2. 次の準線形 1 階偏微分方程式の一般解を求めよ（$u = u(x, y)$）．
  （1） $u_x + u u_y = 0$ 　　（2） $u_x + u^2 u_y = 0$
  （3） $u_x + u u_y + au = 0$ 　（a：定数）
  （4） $u_x + c(u) u_y = 0$ 　（c：既知関数）
  （5） $u_x + u u_y = u^2$

3. 次の初期値問題を解け（$u = u(x, t)$）．
  （1） $u_x + u_t + u = 0$ 　（$-\infty < x < \infty, \ 0 < t < \infty$）
  　　　初期条件： $u(x, 0) = \sin x$
  （2） $u_x + u_t = 0$ 　（$-\infty < x < \infty, \ 0 < t < \infty$）
  　　　初期条件： $u(x, 0) = \cos x$

4. 次の 1 階偏微分方程式の完全解をシャルピの解法で求めよ（$u = u(x, y)$）．
$$x u_x + y u_y = u_x u_y$$

§5. 2階線形偏微分方程式

　線形偏微分方程式，すなわち未知関数 $u(x,y)$ とその偏導関数に関して1次式である偏微分方程式は理論的にも応用上も重要である．

　関数 $u(x,y)$ の2階線形偏微分方程式の一般形は次のように表される：

$$(5.1) \quad Au_{xx} + 2Bu_{xy} + Cu_{yy} + Pu_x + Qu_y + Ru = G.$$

ここに，$A, \cdots, G$ は定数または独立変数 x, y の定まった関数である．特に，G を**非斉次項**と呼ぶ．

　係数 $A, \cdots, R$ が定数のとき，(5.1) は**定係数**であるといい，定数でないとき**変係数**であるという．また，$G = 0$ のとき，(5.1) は**斉次**であるといい，$G \neq 0$ のとき**非斉次**であるという．

線形性と解の重ね合わせの原理

　(5.1) において $G = 0$ とした斉次線形偏微分方程式

$$(5.2) \quad Au_{xx} + 2Bu_{xy} + Cu_{yy} + Pu_x + Qu_y + Ru = 0$$

の第1の特性は，解として恒等的に0に等しい関数をもつことである．これは，物理的には外からの作用を表す非斉次項 G が0であるから閉じた系を扱っており，変位や温度などを表す物理量 $u(x,y)$ が0となる平衡状態を解として含んでいることを示している．(5.2) の第2の特性は，u_1, u_2 が解ならば，それらを重ね合わせた関数，すなわち1次結合した関数

$$u = c_1 u_1 + c_2 u_2 \quad (c_1, c_2 : 任意定数)$$

ももとの方程式 (5.2) を満たすことである．この事実を解の**重ね合わせの原理**という．実際，関数 $u(x,y)$ を x, y で偏微分することを

$$D_x u = u_x, \qquad D_y u = u_y$$

のように微分演算子 $D_x \equiv \dfrac{\partial}{\partial x}$, $D_y \equiv \dfrac{\partial}{\partial y}$ を用いて表せば，微分演算子

$$L = AD_x^2 + 2BD_xD_y + CD_y^2 + PD_x + QD_y + R$$

により，(5.2) は $Lu = 0$ と表示できる．したがって，u_1, u_2 が (5.2) の解ならば，$Lu_1 = 0, Lu_2 = 0$ であり，
$$L(c_1 u_1 + c_2 u_2) = c_1 L u_1 + c_2 L u_2 = 0$$
となり，$c_1 u_1 + c_2 u_2$ も (5.2) の解になる．

さらに一般に，$u_i = u_i(x, y)$ ($i = 1, 2, \cdots$) が (5.2) の解ならば，級数
$$u(x, y) = \sum_{i=1}^{\infty} c_i u_i(x, y) \qquad (c_i：任意定数)$$
も (5.2) の解になる．

また，任意定数 c に対して，関数 $U(x, y, c)$ が (5.2) の解ならば，c の任意関数 $\rho(c)$ に対して，積分
$$u(x, y) = \int \rho(c) U(x, y, c) \, dc$$
も (5.2) の解になる．

ただし，これらの級数や積分が定義できるものでなければならず，級数の項別微分可能性や積分と微分の順序の可換性などが問題となる．

定理 5.1 2階線形偏微分方程式 (5.1) の 1 つの特殊解を $u_p(x, y)$, 対応する斉次線形偏微分方程式 (5.2) の一般解を $u_0(x, y)$ とすれば，方程式 (5.1) の一般解は次のように表示できる：
$$u(x, y) = u_p(x, y) + u_0(x, y).$$

[証明] 微分演算子 L を用いると，(5.1), (5.2) は
$$L u_p = G, \qquad L u_0 = 0$$
と表示される．また，
$$L(u_p + u_0) = G + 0 = G$$
となり，$u_p + u_0$ は (5.1) の解であることがわかる．

一方，(5.1) の任意の解を u とすると，$Lu = Lu_p = G$ より，
$$L(u - u_p) = G - G = 0$$
となり，$u - u_p$ は (5.2) の解となるから，これを u_0 とおくと u は $u_p + u_0$ と表される． ◇

偏微分演算子の因数分解による解法

定係数の線形偏微分方程式の解法として，偏微分演算子の因数分解による方法がある．その基礎となることをまとめておこう．

1 変数の微分可能な任意関数 f に対して，直接計算により，関数

$$(5.3) \qquad u(x,y) = f(bx - ay)\exp\left\{-\frac{c(ax+by)}{a^2+b^2}\right\}$$

は，1 階線形偏微分方程式

$$(5.4) \qquad (aD_x + bD_y + c)u = 0$$

の解になることがわかる．ここに，a, b, c は定数で，$a^2 + b^2 \neq 0$ とする．さらに，(5.3) の関数 $u(x,y)$ および正の整数 k に対して，次式が成り立つ：

$$(5.5) \qquad (aD_x + bD_y + c)^k (x^{k-1}u) = 0.$$

したがって，与えられた偏微分方程式の偏微分演算子が (5.4) あるいは (5.5) の形に因数分解されれば，(5.3) によって与えられる u を用いて解を求めることができる．具体的な方法については例題によって示す．

例題 5.1 次の 2 階線形偏微分方程式を解け ($u = u(x,y)$)．

（1） $3u_{xx} + 2u_{xy} - 8u_{yy} = 0$

（2） $u_{xx} + 4u_{xy} + 4u_{yy} = 0$

［解］（1） 偏微分演算子を使うと，与式は

$$(D_x + 2D_y)(3D_x - 4D_y)u = 0$$

と表示されるから，次の 2 つの方程式に分けられる：

$$(3D_x - 4D_y)u = 0 \quad \cdots \text{①} \qquad (D_x + 2D_y)u = 0 \quad \cdots \text{②}$$

(5.3), (5.4) を使ってこれらの一般解を求めると，①, ② の解はそれぞれ任意関数 f, g を用いて

$$u = f(4x + 3y), \qquad u = g(2x - y)$$

と表される．これらの関数はいずれも与式を満たすので，一般解は

$$u(x,y) = f(4x + 3y) + g(2x - y).$$

（2） 偏微分演算子を使うと，与式は
$$(D_x + 2D_y)^2 u = 0$$
と表示される．(5.3),(5.5) を使うと，任意関数 f, g に対して
$$u = f(2x - y), \qquad u = x g(2x - y)$$
は共に与式を満たすので，一般解は
$$u(x, y) = f(2x - y) + x g(2x - y). \quad \diamondsuit$$

例題 5.2 次の2階線形偏微分方程式を解け（$u = u(x, y)$）．
（1） $u_{xx} - u_{xy} - 2u_x + u_y + u = 0$
（2） $u_{xx} - k^2 u_{yy} = 0$ （k：定数）

［解］ （1） 偏微分演算子を使うと，与式は
$$(D_x - 1)(D_x - D_y - 1)u = 0$$
と表示されるから，次の2つの方程式に分けられる：
$$(D_x - 1)u = 0 \quad \cdots ① \qquad (D_x - D_y - 1)u = 0 \quad \cdots ②$$
(5.3),(5.4) を使ってこれらの一般解を求めると，①,② の解はそれぞれ任意関数 f, g を用いて
$$u = f(-y)e^x, \qquad u = g(x + y)e^{\frac{x-y}{2}}$$
と表される．これらの関数はいずれも与式を満たすので，一般解は
$$u(x, y) = f(-y)e^x + g(x + y)e^{\frac{x-y}{2}}.$$

（2） 偏微分演算子を使うと，与式は
$$(D_x - kD_y)(D_x + kD_y)u = 0$$
と表示されるから，次の2つの方程式に分けられる：
$$(D_x - kD_y)u = 0 \quad \cdots ① \qquad (D_x + kD_y)u = 0 \quad \cdots ②$$
(5.3),(5.4) を使ってこれらの一般解を求めると，①,② の解はそれぞれ任意関数 f, g を用いて
$$u = f(kx + y), \qquad u = g(kx - y)$$
と表される．これらの関数はいずれも与式を満たすので，一般解は
$$u(x, y) = f(kx + y) + g(kx - y). \quad \diamondsuit$$

非斉次偏微分方程式の特殊解

　非斉次線形偏微分方程式 (5.1) の一般解を求めるには定理 5.1 により，(5.1) の 1 つの特殊解を求めることが必要である．

　定係数非斉次線形偏微分方程式
$$(aD_x + bD_y + c)^k u(x, y) = g(x, y) \qquad (a, b, c, k：定数)$$
の特殊解を変数変換法で求めよう．

　1） $k = 1$ の場合：

(5.6) $\qquad (aD_x + bD_y + c)u = g(x, y) \qquad (a^2 + b^2 \neq 0)$

に対して，変数変換
$$x = as + bt, \qquad y = bs - at$$
によって
$$U(s, t) = u(x, y), \qquad G(s, t) = g(x, y)$$
とおく．このとき，与えられた偏微分方程式は
$$U_s + cU = G$$
となる．この偏微分方程式の 1 つの特殊解は次のように与えられる：
$$U(s, t) = e^{-cs} \int e^{cs} G(s, t)\, ds = e^{-cs} \int e^{cs} g(as + bt,\ bs - at)\, ds\,.$$
よって，もとの偏微分方程式の 1 つの特殊解は

(＊) $\qquad u(x, y) = U\left(\dfrac{ax + by}{a^2 + b^2},\ \dfrac{bx - ay}{a^2 + b^2}\right).$

　2） k が一般の場合：

(5.7) $\qquad (aD_x + bD_y + c)^k u = g(x, y) \qquad (a^2 + b^2 \neq 0)$

は，上の結果を使って，s, t についての関数
$$e^{cs} \cdot g(as + bt,\ bs - at)$$
を変数 s について k 回積分したものに e^{-cs} を掛けた関数を $U(s, t)$ とすれば，この $U(s, t)$ に対して，（＊）の変換で与えられる関数 $u(x, y)$ が特殊解である(例 3.2 を参照)．

求積法で解ける 2 階線形偏微分方程式

2 階線形偏微分方程式の中で直ちに積分できるものをまとめておこう．次の記述の中で，f, g は指定された変数についての任意関数である．

(5.8) $\quad u_{xx} = G(x, y)$．

x について 2 回続けて積分する：

$$u = \int dx \int G(x, y)\, dx + x f(y) + g(y)．\quad \diamond$$

(5.9) $\quad u_{xy} = G(x, y)$．

x について積分して u_y を求め，それを y について積分する：

$$u = \int dy \int G(x, y)\, dx + f(y) + g(x)．\quad \diamond$$

(5.10) $\quad u_{xx} + P(x, y) u_x = G(x, y)$．

u_x の 1 階線形微分方程式として，x について 2 回続けて積分する：

$$u = \int \left[e^{-\int P\, dx} \left\{ \int G\, e^{\int P\, dx}\, dx + f(y) \right\} \right] dx + g(y)．$$

(5.11) $\quad u_{xy} + P(x, y) u_x = G(x, y)$．

u_x の 1 階線形微分方程式として，y で積分し，さらに x で積分する：

$$u = \int \left[e^{-\int P\, dy} \left\{ \int G\, e^{\int P\, dy}\, dy + f(x) \right\} \right] dx + g(y)．$$

例題 5.3 次の 2 階線形偏微分方程式を解け（$u = u(x, y)$）．

（1） $u_{xy} = 4x + 3y$ （2） $u_{xy} + u_x = 0$

［解］（1） (5.9) のタイプであり，求める解は

$$u(x, y) = 2x^2 y + \frac{3}{2} xy^2 + f(y) + g(x) \quad (f(y), g(x)：任意関数)．$$

（2） (5.11) のタイプであり，求める解は

$$u(x, y) = \int e^{-y} f(x)\, dx + g(y) = e^{-y} F(x) + g(y)$$

$$(F(x), g(y)：任意関数)．\quad \diamond$$

2階線形偏微分方程式の3つの型

2階線形偏微分方程式の標準形への分類は2階偏導関数の項だけできまるので，(5.1)を移項した次の式について考察しよう：

(5.12) $\quad A u_{xx} + 2B u_{xy} + C u_{yy} = f(x, y, u, u_x, u_y)$.

ここで，f は任意の関数であり，A, B, C は x, y について連続微分可能で同時には0にならない関数とする．さて，

(5.13) $\quad\quad\quad \xi = \xi(x, y), \quad\quad \eta = \eta(x, y)$

により，独立変数を x, y から ξ, η に変換すると，(5.12)は

$$A_1 u_{\xi\xi} + 2B_1 u_{\xi\eta} + C_1 u_{\eta\eta} = f_1(\xi, \eta, u, u_\xi, u_\eta)$$

の形に変換される．この変換において，

$$B_1^2 - A_1 C_1 = (B^2 - AC)(\xi_x \eta_y - \xi_y \eta_x)^2$$

が成り立つので，$B_1^2 - A_1 C_1$ の符号は $B^2 - AC$ の符号に等しい．

2階線形偏微分方程式 (5.12) は，$B^2 - AC$ の値の 負, 正, 0 に従って，**楕円型，双曲型，放物型** であるという．A, B, C が定数ならば偏微分方程式の型は xy-平面上で変化しないが，一般には偏微分方程式の型が変化することもある．

独立変数としては，x, y の代りに時間変数を用いた x, t をとることも多いが，本質的な違いはない．

3つの型について，典型的な方程式の例を挙げておこう．

（1） 楕円型（$B^2 - AC < 0$）：
   2次元のラプラス方程式 $\quad u_{xx} + u_{yy} = 0$

（2） 双曲型（$B^2 - AC > 0$）：
   1次元の波動方程式 $\quad u_{tt} = u_{xx}$

（3） 放物型（$B^2 - AC = 0$）：
   1次元の熱伝導〔拡散〕方程式 $\quad u_t = u_{xx}$.

練 習 問 題 5

1. 次の2階線形偏微分方程式を解け（$u = u(x,y)$）．
 (1) $u_{xx} = 3x^2$　　　　　　　(2) $u_{yx} = 2x + 6y$
 (3) $y\,u_{yy} = 2u_y$　　　　　　(4) $u_{xx} + u_{yx} - u_x = 0$
 (5) $u_{yy} - u_y = xy$

2. 次の2階線形偏微分方程式を演算子を因数分解する方法で解け（$u = u(x,y)$）．
 (1) $u_{xx} - u_{yx} - 6u_{yy} = 0$　　(2) $u_{yx} + 5u_{yy} = 0$
 (3) $4u_{xx} + 7u_{yx} + 3u_{yy} = 12$　(4) $c^2 u_{xx} - u_{tt} = 0$　（c：定数）
 (5) $u_{xx} + u_{yy} = 0$

3. $u = u(x,y)$ についての線形偏微分方程式
$$(D_x + \lambda_1 D_y)(D_x + \lambda_2 D_y)\cdots(D_x + \lambda_m D_y)u = 0$$
において，$\lambda_1, \lambda_2, \cdots, \lambda_m$ が互いに異なれば，その一般解は
$$u = \varphi_1(y - \lambda_1 x) + \varphi_2(y - \lambda_2 x) + \cdots + \varphi_m(y - \lambda_m x)$$
となることを確かめよ．ただし，$\varphi_1, \varphi_2, \cdots, \varphi_m$ は任意関数である．

4. 前問の線形偏微分方程式において，$\lambda_1 = \lambda_2 = \cdots = \lambda_k = \lambda$（$k \leq m$）であれば，その一般解の最初の k 項は
$$\varphi_1(y - \lambda x) + x\,\varphi_2(y - \lambda x) + \cdots + x^{k-1}\varphi_k(y - \lambda x)$$
となることを確かめよ．

5. 非斉次線形偏微分方程式
$$(D_x - \lambda D_y)u(x,y) = g(x,y)$$
の1つの特殊解は
$$u(x,y) = \left[\int g(x, c - \lambda x)\,dx\right]_{c = y + \lambda x}$$
であることを確かめよ．

§ 6. 波動方程式（変数分離法）

波動は自然の中で極めて頻繁に見られる時空的繰り返しの現象である．本節では，波がギターのような有限な弦または媒質を伝わる現象（定在波）を解明するのに有効な**変数分離法**（フーリエの方法とも呼ばれる）を学ぼう．

変数分離法は，斉次線形偏微分方程式に対して有効で，境界条件の形が

$$a\,u_x(0,t) + b\,u(0,t) = 0 \qquad (a,b：定数),$$
$$c\,u_x(1,t) + d\,u(1,t) = 0 \qquad (c,d：定数)$$

のような斉次線形境界条件の問題に適用される．変数分離の基本的考え方は未知関数を各独立変数のみに依存する1変数関数の積で表し，分離定数を使って変数の数だけの常微分方程式を作り，それぞれ解を求めることである．

1次元波動方程式の導出と変数分離解

1） 方程式を作る： まっすぐ張った一様な弦を波が伝わるとし，その弦を無数の微小部分に分割し，その微小部分を考察して波動方程式を作ろう．弦の各微小部分が垂直方向に振動する横振動を考え，弦の全長を L，線密度（単位長さ当りの質量）を σ，張力を T とする．弦の両端は固定され（左端を原点にとる），図のように弦に沿って x-軸，振動の起こる面内に u-軸をとる．弦上の1点 P の変位 u は x と t の関数 $u(x,t)$ となる．

張力 T は弦の接線方向に向いているから，弦の微小部分 $\overline{PQ}$ に働く力の u 方向成分は

$$T\sin\theta' - T\sin\theta$$

であるが，θ, θ' は小さいとして次のように近似する：

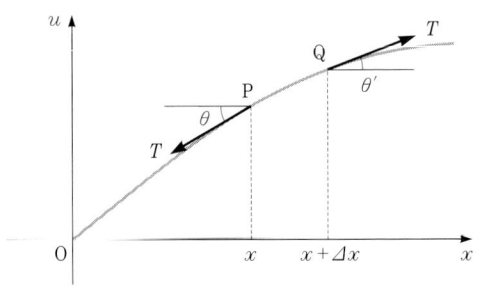

§6. 波動方程式(変数分離法)

$$T\sin\theta' - T\sin\theta \fallingdotseq T\tan\theta' - T\tan\theta = T\left[\left(\frac{\partial u}{\partial x}\right)_{x+\varDelta x} - \left(\frac{\partial u}{\partial x}\right)_x\right]$$

$$= T\left[\left\{\left(\frac{\partial u}{\partial x}\right)_x + \left(\frac{\partial^2 u}{\partial x^2}\right)_x \varDelta x + \cdots\right\} - \left(\frac{\partial u}{\partial x}\right)_x\right]$$

$$\fallingdotseq T\frac{\partial^2 u}{\partial x^2}\varDelta x.$$

$\overline{PQ}$ の質量は $\sigma\varDelta x$, 加速度は $\partial^2 u/\partial t^2$ だから, $\overline{PQ}$ 部分の運動方程式は

$$\sigma\varDelta x\frac{\partial^2 u(x,t)}{\partial t^2} = T\frac{\partial^2 u(x,t)}{\partial x^2}\varDelta x$$

となり, 両辺から $\varDelta x$ を消去して, 次の **1次元波動方程式**を得る:

(6.1) $\quad \dfrac{\partial^2 u(x,t)}{\partial t^2} = v^2\dfrac{\partial^2 u(x,t)}{\partial x^2} \qquad \left(v = \sqrt{\dfrac{T}{\sigma}} : \text{波の位相速度}\right).$

張力以外に, 各点 x に単位質量当り外力 $f(x,t)$ が u-軸方向に作用している場合には, 次のような非斉次波動方程式となる:

(6.2) $\quad \dfrac{\partial^2 u(x,t)}{\partial t^2} = v^2\dfrac{\partial^2 u(x,t)}{\partial x^2} + f(x,t).$

2) 変数分離法の適用: (6.1)を変数分離法で解くため, 未知関数を

(6.3) $\quad u(x,t) = X(x)T(t)$

の形として, (6.1)に代入すると, $X(x)T''(t) = v^2 X''(x)T(t)$ だから,

(6.4) $\quad \dfrac{1}{v^2}\dfrac{T''(t)}{T(t)} = \dfrac{X''(x)}{X(x)}$

を得る. 左辺は t のみの関数, 右辺は x のみの関数で, それらが恒等的に等しいから, 両辺は x,t によらない定数でなければならない. この定数を**分離定数**といい, k とおくと, (6.4)は次の2つの常微分方程式となる:

(6.5) $\quad X''(x) = kX(x),$
(6.6) $\quad T''(t) = kv^2 T(t).$

境界条件 $u|_{x=0} = 0$, $u|_{x=L} = 0$ は, $X(x)$ に対する次の条件となる:

(6.7) $\quad X(0) = 0, \quad X(L) = 0.$

ここで, 分離定数は未定定数であって, 解いていく途中で定まってくる.

3） 分離した方程式の解法： (6.5) と (6.7) から $X(x)$ を求めよう．

（ i ） $k=0$ のとき： $X''(x)=0$ となり，その一般解は $X(x)=ax+b$（a,b：任意定数）の形となる．境界条件 (6.7) の $X(0)=0$ より $b=0$；$X(L)=0$ より $a=0$ となるから，$X(x)\equiv 0$ である．したがって，この場合は，自明な解 $u(x,t)\equiv 0$ となる．

（ ii ） $k=\lambda^2>0$ のとき： $X''(x)=\lambda^2 X(x)$ となり，その一般解は
$$X(x)=ae^{\lambda x}+be^{-\lambda x} \qquad (a,b：任意定数)$$
である．境界条件 (6.7) を適用すると，
$$X(0)=0 \text{ より}, \quad a+b=0,$$
$$X(L)=0 \text{ より}, \quad e^{\lambda L}\cdot a+e^{-\lambda L}\cdot b=0$$
となる．この a,b についての連立方程式の係数行列式は明らかに 0 でないから，$a=0,\ b=0$ となり，この場合も自明な解となる．

（iii） $k=-\lambda^2<0$ のとき： $X''(x)=-\lambda^2 X(x)$ となり，一般解は
$$(6.8) \qquad X(x)=a\cos\lambda x+b\sin\lambda x \qquad (a,b：任意定数).$$
$X(0)=0$ より，$a\cdot 1+b\cdot 0=0$ $\therefore$ $a=0$．
$X(L)=0$ より，$a\cos\lambda L+b\sin\lambda L=0$ $\therefore$ $b\sin\lambda L=0$．
$b\neq 0$ とすると（$b=0$ のときは自明な解となる），
$$(6.9) \qquad \sin\lambda L=0, \quad \text{すなわち} \quad \lambda=\frac{n\pi}{L}=\lambda_n \quad (n=1,2,\cdots)$$
でなければならない．このように，
$$(6.10) \qquad k=-\lambda_n{}^2=-\left(\frac{n\pi}{L}\right)^2 \qquad (n=1,2,\cdots)$$
のときだけ $X(x)\neq 0$ の解が存在し，$b=1$ として次のように表される：
$$(6.11) \qquad X_n(x)=\sin\lambda_n x=\sin\frac{n\pi}{L}x \qquad (n=1,2,\cdots).$$
この λ_n は整数 n に対応した とびとびの値をとり，**固有値**と呼ばれる．また，λ_n に対応する解 $X_n(x)$ を**固有関数**と呼ぶ．

次に，関数 $T(t)$ について考える．(6.6) で $k=-\lambda_n{}^2$ とおくと，
$$T''(t)+(\lambda_n v)^2 T(t)=0 \qquad (n=1,2,\cdots)$$

§6. 波動方程式（変数分離法）

となり，この一般解は
$$T_n(t) = a_n \cos(\lambda_n vt) + b_n \sin(\lambda_n vt) \qquad (a_n, b_n : 任意定数)$$
と表される．これより，角振動数 ω は

(6.12) $$\omega = \lambda_n v = \frac{n\pi v}{L} \qquad (n = 1, 2, \cdots)$$

によって与えられ，整数 n に対応した とびとびの値をとる．定数 a_n, b_n は解が初期条件を満たすように定められる．よって，境界条件 (6.7) を満足する変数分離解は次の式で与えられる：

(6.13)$_n$ $$u_n(x,t) = T_n X_n = (a_n \cos\lambda_n vt + b_n \sin\lambda_n vt)\sin\lambda_n x$$
$$(n = 1, 2, \cdots; \ a_n, b_n \ は任意定数).$$

(6.1) が斉次線形微分方程式であるから，(6.13)$_n$ から作られる無限級数

(6.13) $$u(x,t) = \sum_{n=1}^{\infty} (a_n \cos\lambda_n vt + b_n \sin\lambda_n vt)\sin\lambda_n x$$

が一様収束して，さらに各項を x と t で 2 回微分したものも収束すれば，この級数もまた解となる．ここでは収束性の判定には深入りせず，収束しているものとして話を進める．(6.13) が次の初期条件

(6.14) $$u|_{t=0} = \varphi(x), \qquad \frac{\partial u}{\partial t}\bigg|_{t=0} = \psi(x)$$

を満足するように a_n, b_n を定めよう．(6.13) を t で項別に微分すると，

(6.15) $$\frac{\partial u}{\partial t} = \sum_{n=1}^{\infty} \lambda_n v(-a_n \sin\lambda_n vt + b_n \cos\lambda_n vt)\sin\lambda_n x.$$

(6.13), (6.15) で $t = 0$ とおき，(6.14) を使うと次式を得る：

(6.16) $$\sum_{n=1}^{\infty} a_n \sin\frac{n\pi}{L}x = \varphi(x), \qquad \sum_{n=1}^{\infty} \frac{n\pi v}{L} b_n \sin\frac{n\pi}{L}x = \psi(x).$$

これらは，区間 $[0, L]$ で定義された関数 $\varphi(x), \psi(x)$ のフーリエ級数展開になっている．展開の係数 a_n, b_n は，フーリエ級数の公式を用いると

(6.17) $$\begin{cases} a_n = \dfrac{2}{L}\int_0^L \varphi(x)\sin\dfrac{n\pi x}{L}\,dx, \\ b_n = \dfrac{2}{n\pi v}\int_0^L \psi(x)\sin\dfrac{n\pi x}{L}\,dx. \end{cases}$$

4） 解の物理的意味： $(6.13)_n$ で $a_n = u_{0n} \sin \alpha_n$, $b_n = u_{0n} \cos \alpha_n$ と置き換えると，次の形の変数分離解を得る：

$$(6.18) \qquad u_n(x, t) = u_{0n} \sin(\lambda_n vt + \alpha_n) \sin \lambda_n x \qquad (n = 1, 2, \cdots).$$

この式のグラフは，$\sin(\lambda_n vt + \alpha_n) = \pm 1$ となる時刻 $t = t_0$ には

$$u_n(x, t_0) = \pm u_{0n} \sin \lambda_n x$$

となり，図の一番外側の実線のグラフになる（ただし $\alpha_n = 0$ とした）．

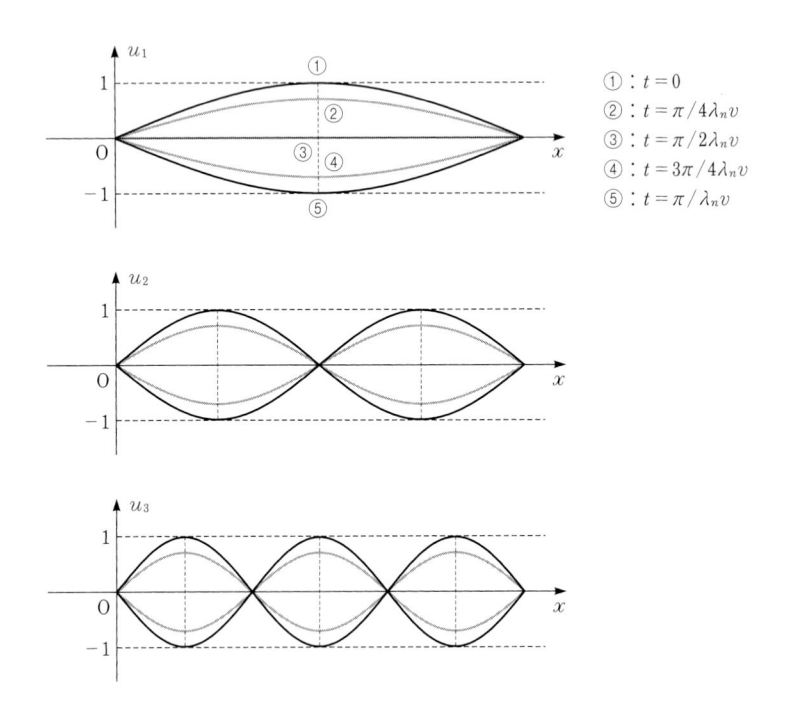

①：$t = 0$
②：$t = \pi/4\lambda_n v$
③：$t = \pi/2\lambda_n v$
④：$t = 3\pi/4\lambda_n v$
⑤：$t = \pi/\lambda_n v$

任意の時刻における (6.18) の波形は，この 2 つのグラフの間を往復する形になる．図から，時間と共に波の山の高さや谷の深さは変わり，山と谷が入れ替わるが，一番大きく振動する位置（腹）と変位がゼロの位置（節）は同じ位置にあり移動しない．このような波を**定在波**または**定常波**と呼び，$n = 1, 2, \cdots$ は弦の固有振動のモードを表す．

例えば，振動する弦は音を発生し，その振動数 ν_n は，(6.12) より角振動

§6. 波動方程式（変数分離法）

数が $\omega_n = \lambda_n v$ であるから，$\nu_n = \dfrac{\omega_n}{2\pi} = \dfrac{nv}{2L}$ で与えられる．$n=1$ とした音が最も大きく主として聞えるので**基音**と呼び，$n=2,3,\cdots$ に相当する音をそれぞれ2倍音，3倍音，… というが，音の強さは急激に小さくなる．

例題 6.1 図のように，両端を固定した弦の1点 $x=l$ をつまみ上げて，静止の状態からの変位が h の位置でそっと放したときの弦の振動を求めよ．

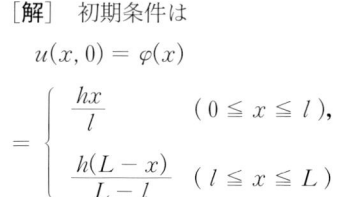

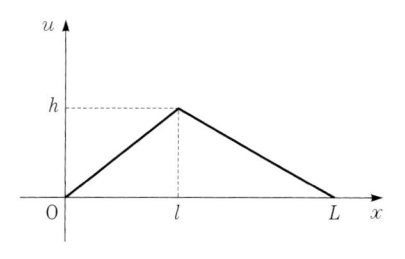

[解] 初期条件は
$$u(x,0) = \varphi(x) = \begin{cases} \dfrac{hx}{l} & (0 \leq x \leq l), \\ \dfrac{h(L-x)}{L-l} & (l \leq x \leq L) \end{cases}$$

$$\left.\dfrac{\partial u}{\partial t}\right|_{t=0} = \psi(x) = 0$$

となるから，(6.13) の b_n は (6.17) から すべて0となる．a_n は (6.17) より

$$a_n = \dfrac{2}{L}\int_0^L \varphi(x)\sin\dfrac{n\pi x}{L}\,dx$$
$$= \dfrac{2}{L}\left\{\dfrac{h}{l}\int_0^l x\sin\dfrac{n\pi x}{L}\,dx + \dfrac{h}{L-l}\int_l^L (L-x)\sin\dfrac{n\pi x}{L}\,dx\right\} \quad \cdots \text{①}$$

ここで，右辺の積分の項は，部分積分することによって次のように与えられる：

$$\int_0^l x\sin\dfrac{n\pi x}{L}\,dx = -\left[\dfrac{Lx}{n\pi}\cos\dfrac{n\pi x}{L}\right]_0^l + \dfrac{L^2}{n^2\pi^2}\left[\sin\dfrac{n\pi x}{L}\right]_0^l$$
$$= -\dfrac{Ll}{n\pi}\cos\dfrac{n\pi l}{L} + \dfrac{L^2}{n^2\pi^2}\sin\dfrac{n\pi l}{L},$$

$$\int_l^L (L-x)\sin\dfrac{n\pi x}{L}\,dx = \dfrac{L(L-l)}{n\pi}\cos\dfrac{n\pi l}{L} + \dfrac{L^2}{n^2\pi^2}\sin\dfrac{n\pi l}{L}.$$

これらを①に代入し，まとめると，

$$a_n = \dfrac{2hL^2}{n^2\pi^2 l(L-l)}\sin\dfrac{n\pi l}{L}.$$

これを (6.13) に代入し，次の求める解を得る：

$$u(x,t) = \dfrac{2hL^2}{\pi^2 l(L-l)}\sum_{n=1}^{\infty}\dfrac{1}{n^2}\sin\dfrac{n\pi l}{L}\sin\dfrac{n\pi x}{L}\cos\dfrac{n\pi vt}{L}. \quad \diamondsuit$$

2次元波動方程式(膜の振動)の変数分離解

1) 方程式を作る: 2次元的な広がりをもつ薄い膜の振動を考えよう．膜はいたるところ一様で，一平面内にある変形しない枠に一定の張力で張られているとする．振動による変位は小さいものとし，変位に伴う張力の変化は無視する．膜の単位面積当りの質量を ρ，張力を T とする．

また，釣り合いの状態での膜の面を xy-面とし，膜の各部分の z 方向の変位を u で表せば，u は x, y および t の関数 $u(x, y, t)$ となる．いま，右の図のように，膜の上で微小な長方形の部分 ABCD を考え，その微小膜を考察して波動方程式を作ろう．図のように変位した状態で，この部分に働く力は AB, BC, CD, DA の各辺上に働く張力のみと考えてよい．$\Delta x, \Delta y$ は極めて小さいとして，BC, AD に働く張力の z 成分の和は，弦の場合と同様に考えて，

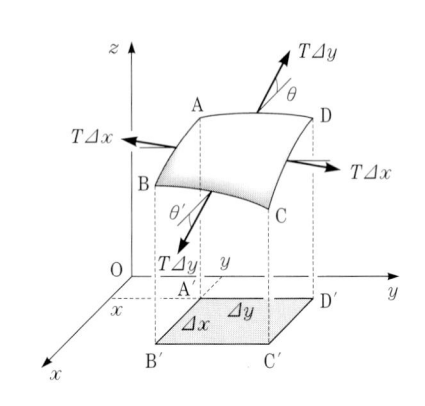

$$T \cdot \Delta y (\sin\theta' - \sin\theta) \fallingdotseq T \Delta y \left\{ \left(\frac{\partial u}{\partial x}\right)_{x+\Delta x} - \left(\frac{\partial u}{\partial x}\right)_x \right\}$$

$$\fallingdotseq T \Delta y \left\{ \left(\frac{\partial u}{\partial x} + \frac{\partial^2 u}{\partial x^2} \Delta x\right) - \frac{\partial u}{\partial x} \right\} = T \frac{\partial^2 u}{\partial x^2} \Delta x \Delta y .$$

同様に，AB, CD の2辺に働く張力の z 成分の和は $T \dfrac{\partial^2 u}{\partial y^2} \Delta x \Delta y$．

一方，微小長方形の質量は $\rho \Delta x \Delta y$ だから，運動方程式は

$$\rho \Delta x \Delta y \frac{\partial^2 u(x, y, t)}{\partial t^2} = T \left(\frac{\partial^2 u(x, y, t)}{\partial x^2} + \frac{\partial^2 u(x, y, t)}{\partial y^2} \right) \Delta x \Delta y ,$$

すなわち，次の **2次元波動方程式(膜の振動方程式)** を得る：

$$(6.19) \qquad \frac{\partial^2 u(x, y, t)}{\partial t^2} = v^2 \left(\frac{\partial^2 u(x, y, t)}{\partial x^2} + \frac{\partial^2 u(x, y, t)}{\partial y^2} \right)$$

$$(\text{ただし}, \ v = \sqrt{T/\rho}).$$

§6. 波動方程式(変数分離法)

2) 変数分離法の適用: 2次元波動方程式の場合，変数分離解をまず，空間変数と時間変数に分けた次の形のものを考える：

(6.20) $\qquad u(x,y,t) = U(x,y)\cos(\omega t + \alpha) \qquad (\omega, \alpha : 任意定数)$.

これを (6.19) に代入して変数を分離すると，

$$\frac{1}{U}\left(\frac{\partial^2 U}{\partial x^2} + \frac{\partial^2 U}{\partial y^2}\right) = -\frac{\rho\omega^2}{T}$$

となり，時間変数に関係しない方程式を得る．さらに，

(6.21) $\qquad \dfrac{\rho\omega^2}{T} = \lambda^2 \qquad (固有値)$

とおいて整理すると，次の式を得る：

(6.22) $\qquad \dfrac{\partial^2 U}{\partial x^2} + \dfrac{\partial^2 U}{\partial y^2} + \lambda^2 U = 0$.

この方程式に，x と y についてもう一度，変数分離法を適用する．このために，$U(x,y) = X(x)Y(y)$ とおいて (6.22) に代入し，整理すると

$$\frac{1}{X}\frac{d^2 X}{dx^2} = -\frac{1}{Y}\left(\frac{d^2 Y}{dy^2} + \lambda^2 Y\right)$$

を得る．この関係が x, y の値に関わらず常に成立するためには右辺と左辺がそれぞれ定数に等しくなければならない．この分離定数を $-\mu^2$ とすると

(6.23) $\qquad \dfrac{d^2 X(x)}{dx^2} = -\mu^2 X(x)$,

(6.24) $\qquad \dfrac{d^2 Y(y)}{dy^2} = -(\lambda^2 - \mu^2)Y(y)$.

3) 分離した方程式の解法: (6.23), (6.24) の一般解はすぐ求められ，

(6.23)$_0$ $\qquad X(x) = C\sin\mu x + C'\cos\mu x$,

(6.24)$_0$ $\qquad Y(y) = D\sin\sqrt{\lambda^2 - \mu^2}\, y + D'\cos\sqrt{\lambda^2 - \mu^2}\, y$

(C, C', D, D' は任意定数) となる．したがって，(6.19) の解は

(6.25) $\qquad u(x,y,t) = \{C\sin\mu x + C'\cos\mu x\}$
$\qquad\qquad \times \{D\sin\sqrt{\lambda^2 - \mu^2}\, y + D'\cos\sqrt{\lambda^2 - \mu^2}\, y\}\cos(\omega t + \alpha)$.

定数 $C, C', D, D', \mu, \lambda, \alpha$ は境界条件および初期条件によってきまる．

4) 解の物理的意味：

（ⅰ） 膜が2辺の長さ a, b の長方形の場合（次頁の図を参照）．
このとき，境界条件は

「 $x = 0$, $x = a$, $y = 0$ および $y = b$ で $u(x, y, t) = 0$ 」

となる．境界条件を (6.25) に代入し，まとめると

①： $C' = 0$　　②： $\mu a = m\pi$　　（ $m = 1, 2, \cdots$ ）

③： $D' = 0$　　④： $\sqrt{\lambda^2 - \mu^2}\, b = n\pi$　　（ $n = 1, 2, \cdots$ ）

を得る．次に，

(6.26)　　②より，　　$\mu = \dfrac{m}{a}\pi$　　（ $m = 1, 2, \cdots$ ），

(6.27)　　④より，　　$\sqrt{\lambda^2 - \mu^2} = \dfrac{n}{b}\pi$　　（ $n = 1, 2, \cdots$ ）．

この (6.26), (6.27) より次の式を得る：

(6.28)　　　$\lambda^2 = \lambda_{m,n}{}^2 = \pi^2\left(\dfrac{m^2}{a^2} + \dfrac{n^2}{b^2}\right)$　　（ λ：固有値 ）．

この λ^2 を (6.21) に代入して次の式を得る：

(6.29)　　　$\omega^2 = \omega_{m,n}{}^2 = \dfrac{T}{\rho}\pi^2\left(\dfrac{m^2}{a^2} + \dfrac{n^2}{b^2}\right)$　　（ ω：固有角振動数 ）．

これらの結果を (6.20) に代入すれば，長方形膜の固有振動解は

(6.30)　　$u_{m,n}(x, y, t)$
$$= A_{m,n} \sin\dfrac{m\pi}{a}x \sin\dfrac{n\pi}{b}y \cos\left(\sqrt{\dfrac{m^2}{a^2} + \dfrac{n^2}{b^2}}\sqrt{\dfrac{T}{\rho}}\pi t + \alpha_{m,n}\right)$$

（ $A_{m,n}$：任意定数, $m = 1, 2, \cdots$ ； $n = 1, 2, \cdots$ ）

となる．これは，空間 x, y と時間 t とが分離された解で定在波を表す．振幅が $\sin\dfrac{m\pi}{a}x \sin\dfrac{n\pi}{b}y$ に従って場所によって異なるが，各部分とも共通の角振動数と共通の位相で振動する様式を表している．

さらに，x と y も分離され独立に動けるから，ある時刻 t での 関数 u と x の関係；u と y との関係は，それぞれ y, x の変化に影響されない．したがって，u と x の関係のグラフは y, t を固定して，

$$\sin\frac{n\pi}{b}y\cos\left(\sqrt{\frac{m^2}{a^2}+\frac{n^2}{b^2}}\sqrt{\frac{T}{\rho}}\pi t+\alpha_{m,n}\right)\equiv C_{m,n}$$

とおいて，(6.30) は

$$u(x)=\sum_{m=1}^{\infty}\sum_{n=1}^{\infty}A_{m,n}C_{m,n}\sin\frac{m\pi}{a}x$$

を書けばよい．同様に，u と y の関係のグラフは x,t を固定して

$$\sin\frac{m\pi}{a}x\cos\left(\sqrt{\frac{m^2}{a^2}+\frac{n^2}{b^2}}\sqrt{\frac{T}{\rho}}\pi t+\alpha_{m,n}\right)\equiv C'_{m,n}$$

とおいて，(6.30) は

$$u(y)=\sum_{m=1}^{\infty}\sum_{n=1}^{\infty}A_{m,n}C'_{m,n}\sin\frac{n\pi}{b}y$$

を書けばよい．

固有関数 $\sin\dfrac{m\pi}{a}x\sin\dfrac{n\pi}{b}y$ のグラフは，m,n の種々の組み合せに対し下の図のようになる．陰影を施した部分と，施さない部分とは常に反対の向きに運動する．t の値にかかわらず常に変位が起こらない境界線（図で実線の部分）は**節線**という．弦の場合と同様，長方形膜の振動は固有振動が重なり合ったもので，初期条件を与えれば $A_{m,n},\alpha_{m,n}$ がきまり，振動状態が確定する．

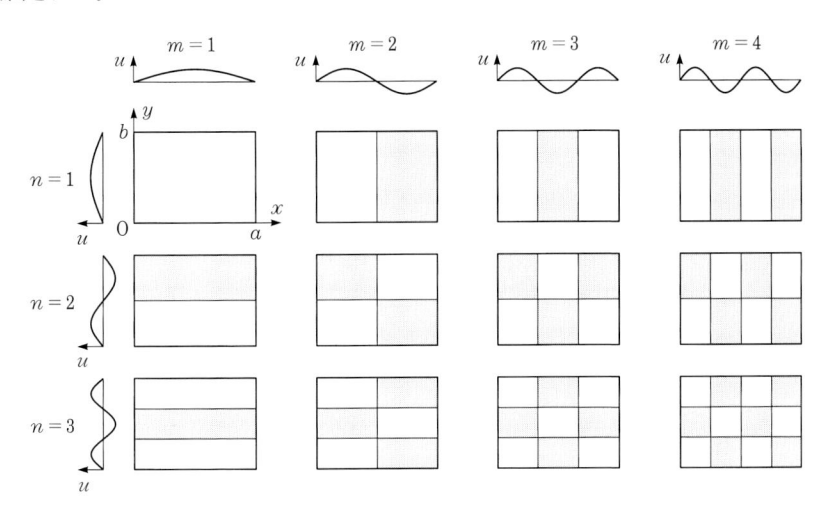

（ii） 膜が正方形で，$a = b$ の場合．

式 (6.30) において，m と n を入れ替えたもの，例えば $m = 2$，$n = 3$ の固有振動 $u_{2,3}$ と，$m = 3$，$n = 2$ の固有振動 $u_{3,2}$ は異なって存在するが，(6.28)，(6.29) から固有値 λ，固有角振動数 ω は等しくなる．このように同一の固有値に対して異なる固有関数が存在することを**縮退**という．

正方形膜の場合の固有振動解は，(6.30) から結合係数を $\gamma_{m,n}$ として

(6.31) $\quad u(x, y, t)$
$$= \sum_{m=1}^{\infty} \sum_{n=1}^{\infty} A_{m,n} \left\{ \sin\frac{m\pi}{a}x \sin\frac{n\pi}{a}y + \gamma_{m,n} \sin\frac{n\pi}{a}x \sin\frac{m\pi}{a}y \right\}$$
$$\times \cos\left\{ \frac{\sqrt{m^2 + n^2}}{a} \sqrt{\frac{T}{\rho}} \pi t + \alpha_{m,n} \right\}$$

となり，節線の形は次の式によって定まる：

(6.32) $\quad \sin\dfrac{m\pi}{a}x \sin\dfrac{n\pi}{a}y + \gamma_{m,n} \sin\dfrac{n\pi}{a}x \sin\dfrac{m\pi}{a}y = 0$．

《**参考**》 2 次元波動方程式の変数分離解を
$$u(x, y, t) = U(x, y) T(t)$$
としないで，(6.20) のようにおいたのは，時間についての変数は 1 つであるから，本節前半の 1 次元波動方程式の $T(t)$ と同形となり，
$$T(t) = A \cos \omega t + B \sin \omega t = C \cos(\omega t + \alpha)$$
と予測されるからである．

また，1 つの固有値 $\lambda_{m,n}$ に異なる固有関数が $u_{m,n}$ と $u_{n,m}$ の 2 つ存在するとき，(6.31) の結合係数 $\gamma_{m,n}$ は 2 つの固有関数の振幅の比である．

練 習 問 題 6

1. 次の関数 $u(x,t)$ が波動方程式 $u_{tt} - v^2 u_{xx} = 0$ を満たすことを示せ(ただし, $v = \omega/k$).
　(1) $u(x,t) = x^2 + v^2 t^2$ 　　　　(2) $u(x,t) = \sin kx \cos \omega t$
　(3) $u(x,t) = \cos kx \cos \omega t$

2. 関数 $u(x,t) = \sum_{n=1}^{\infty} T_n(t) \sin \dfrac{n\pi}{l} x$ が波動方程式 $u_{tt} - v^2 u_{xx} = 0$ を満たすならば,

$$T_n''(t) + \left(\frac{n\pi v}{l}\right)^2 T_n = 0$$

が導かれることを示せ.

3. 振幅 A, 波長 λ, 周期 T が等しく 互いに逆向きに進む次の2つの進行波 ξ_1, ξ_2 を重ね合わせて合成波を作ると, 定在波ができることを示せ.

$$\xi_1 = A \sin 2\pi\left(\frac{x}{\lambda} - \frac{t}{T}\right), \qquad \xi_2 = A \sin\left\{2\pi\left(\frac{x}{\lambda} + \frac{t}{T}\right) + 2\alpha\right\}$$

4. 正方形膜の定在波 (6.31) で, $\gamma_{m,n} = 0, 1$, $m = 1,2,3$, $n = 1,2,3$ の組み合せによってできる節線の形を図に示せ.

§ 7. 波動方程式(一般解)

波動は時間的周期だけでなく空間的周期(波長)ももち，**定在波**と**進行波**に分類される．この節では，無限に広がった媒質中を空間的に進行して行く進行波の解を変数分離の仮定をしないで，波動方程式の一般解を求めよう．

1次元波動方程式の一般解

無限に長い弦の1次元波動方程式

(7.1) $$\frac{\partial^2 u(x,t)}{\partial t^2} = v^2 \frac{\partial^2 u(x,t)}{\partial x^2}$$

の一般解を変数変換法(例 3.2 参照)で求めるため，変数 x, t の代りに新しい変数 ξ, η を $\xi = x - vt$, $\eta = x + vt$ により導入すると

(7.2) $$x = (\eta + \xi)/2, \qquad t = (\eta - \xi)/2v$$

となる．$u(x,t)$ にこれらを代入し，新しい関数 $U(\xi, \eta)$ を導入して，

(7.3) $$u(x,t) = u\left(\frac{\eta+\xi}{2}, \frac{\eta-\xi}{2v}\right) = U(\xi, \eta)$$

とおく．これを偏微分すると次の結果を得る：

(7.4) $$u_t = U_\xi \cdot \xi_t + U_\eta \cdot \eta_t = (-U_\xi + U_\eta)v,$$

(7.5) $$u_x = U_\xi \cdot \xi_x + U_\eta \cdot \eta_x = U_\xi + U_\eta.$$

(7.4)をさらに t で；(7.5)をさらに x で偏微分すると，次式を得る：

(7.6) $$\frac{\partial^2 u}{\partial t^2} = -v\left(\frac{\partial U_\xi}{\partial \xi}\frac{\partial \xi}{\partial t} + \frac{\partial U_\xi}{\partial \eta}\frac{\partial \eta}{\partial t}\right) + v\left(\frac{\partial U_\eta}{\partial \xi}\frac{\partial \xi}{\partial t} + \frac{\partial U_\eta}{\partial \eta}\frac{\partial \eta}{\partial t}\right)$$
$$= v^2(U_{\xi\xi} - 2U_{\xi\eta} + U_{\eta\eta}),$$

(7.7) $$\frac{\partial^2 u}{\partial x^2} = U_{\xi\xi} + 2U_{\xi\eta} + U_{\eta\eta}.$$

(7.6), (7.7) を (7.1) に代入すると，$-4v^2 U_{\xi\eta} = 0$ を得るので，

$$U_{\xi\eta}(\xi, \eta) = \frac{\partial U_\xi}{\partial \eta} = 0 \quad \text{より} \quad U_\xi = \frac{\partial U}{\partial \xi} = G(\xi) \quad (G:\text{任意関数})$$

§7. 波動方程式（一般解）

$$\therefore \quad U(\xi, \eta) = \int G(\xi)\, d\xi + h(\eta) = g(\xi) + h(\eta) \quad (g, h：任意関数).$$

(7.3) より $U(\xi, \eta) = u(x, t)$ であるから，ξ, η から x, t に戻すと，1次元波動方程式 (7.1) の一般解は次式のように得られる：

$$(7.8) \qquad u(x, t) = g(x - vt) + h(x + vt).$$

ここで，$g(x - vt)$, $h(x + vt)$ は2回微分可能な関数で，x の正，負の方向に速さ v で伝わる進行波を表しており，初期条件によって具体的に定まる．

次に，初期の弦の変位と速度（初期波形を変形する衝撃）がそれぞれ

$$(7.9) \qquad u(x, 0) = u|_{t=0} = \varphi(x), \quad u_t(x, 0) = \left.\frac{\partial u}{\partial t}\right|_{t=0} = \psi(x)$$

で与えられるとして，(7.1) の解を求めよう．初期変位分布 $\varphi(x)$，初期速度分布 $\psi(x)$ の下で解を求めることを**コーシーの初期値問題**という．

まず，(7.8) の任意関数 g, h が初期条件 (7.9) を満たすように定めよう．(7.9) の第1式（初期変位分布）より，

$$(7.10) \qquad g(x) + h(x) = \varphi(x).$$

(7.9) の第2式（初期速度分布）より，

$$(7.11) \qquad -v\, g'(x) + v\, h'(x) = \psi(x).$$

(7.11) を積分し，積分定数を C とすると次式を得る：

$$(7.12) \qquad -g(x) + h(x) = \frac{1}{v}\int_0^x \psi(x)\, dx + C.$$

(7.10) と (7.12) を連立させ，g, h について解くと次のように求められる：

$$g(x) = \frac{1}{2}\varphi(x) - \frac{1}{2v}\int_0^x \psi(x)\, dx - \frac{C}{2},$$

$$h(x) = \frac{1}{2}\varphi(x) + \frac{1}{2v}\int_0^x \psi(x)\, dx + \frac{C}{2}.$$

これらの式で，g の変数を $x - vt$；h の変数を $x + vt$ で置き換えると，初期条件を満たす次の**ダランベール解**が得られる：

$$(7.13) \qquad u(x, t) = \frac{1}{2}\{\varphi(x - vt) + \varphi(x + vt)\} + \frac{1}{2v}\int_{x-vt}^{x+vt} \psi(x)\, dx.$$

ダランベール解の物理的意味

ダランベール解 (7.13) の各項の意味を理解するために，初期条件 (7.9) よりずっと簡単な初期条件を与えて，物理的に考えてみよう．

（**1**） 初期変位 $u(x, 0) = \varphi(x) \neq 0$，初期速度 $u_t(x, 0) = 0$ の場合：
初期速度 $u_t(x, 0) = \psi(x) = 0$ だから，(7.13) は次式となる：

$$(7.14) \qquad u(x, t) = \frac{1}{2} \varphi(x - vt) + \frac{1}{2} \varphi(x + vt).$$

第1項と第2項は，初期波形 $\varphi(x)$ の 1/2 倍の大きさで，時間 t と共に速さ v で，x の正，負の方向にそれぞれ移動する進行波を表している．

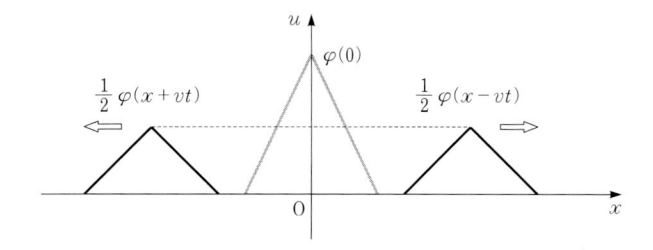

（**2**） 初期変位 $u(x, 0) = 0$，初期速度 $u_t(x, 0) = \psi(x) \neq 0$ の場合：
初期変位 $u(x, 0) = \varphi(x) = 0$ だから，(7.13) は次式となる：

$$(7.15) \qquad u(x, t) = \frac{1}{2v} \int_{x-vt}^{x+vt} \psi(x)\, dx.$$

これは，$t = 0$ で変位が 0 であった弦が $\psi(x)$ による初期衝撃のために，(7.15) のように変形することを表している．

いま，$\dfrac{1}{2v} \int \psi(x)\, dx = \varPhi(x)$ とすると，$\varPhi'(x) = \dfrac{\psi(x)}{2v}$ となり，(7.15) は次式となる：

$$(7.16) \qquad u(x, t) = \varPhi(x + vt) - \varPhi(x - vt).$$

$|x| \geqq a$ で $\psi(x) = 0$；$|x| < a$ で $\psi(x) > 0$ とすると，$\varPhi(x)$ は

$$(7.17) \qquad \varPhi(x) = \frac{1}{2v} \int_{-\infty}^{x} \psi(x)\, dx$$

で定まることから，

$$\Phi(x) = 0 \quad (x < -a), \quad \Phi(a) = \frac{1}{2v}\int_{-\infty}^{a} \psi(x)\, dx = F_0 > 0$$

$$\Phi(x) = F_0 \quad (x > a)$$

となり，$\Phi(x)$ のグラフは右のような図となる．

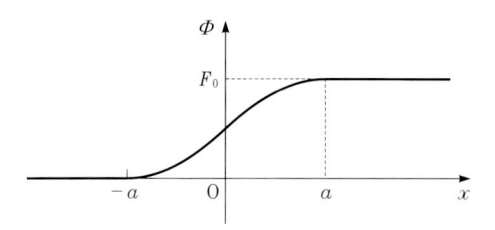

この場合の $\Phi(x)$ のグラフを x-軸の負の方向に vt だけ平行移動した $\Phi(x+vt)$ と，正の方向に vt だけ平行移動し x-軸に関して反転させた $-\Phi(x-vt)$ のグラフは下の図で網目状の線で示した．(7.16)より，この2曲線を加え合わせると解 $u(x,t)$ が実線のように得られる．

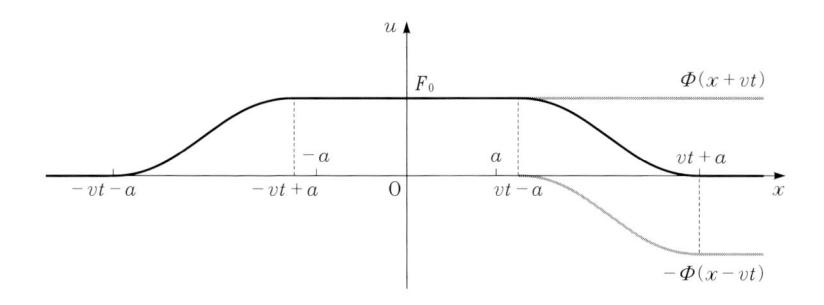

図から，$t=0$ で区間 $[-a, a]$ で $\psi(x)$ による衝撃が与えられたとき，その影響を点 $x_1 (>a)$ で観測すると，$t_1 \equiv (x_1-a)/v$ まで u は0のままであるが，時刻 t_1 以後は u の変動が観測される．さらに，$t \geqq (x_1+a)/v$ となっても変位は一定値 F_0 をとり続け，0に戻ることはない．このように，(1)の場合と違って，時間が十分経過した後も，初期速度分布 $\psi(x)$ による衝撃の影響が最初の区間 $[-a, a]$ に残っているところに特徴がある．

3次元波動方程式の一般解

3次元的に広がる媒質中を伝わる音波，電磁波などは，波動量を $u(x, y, z, t)$，位相速度を v とすると，次の3次元波動方程式で表される：

(7.18) $$\frac{\partial^2 u}{\partial t^2} = v^2\left(\frac{\partial^2 u}{\partial x^2} + \frac{\partial^2 u}{\partial y^2} + \frac{\partial^2 u}{\partial z^2}\right).$$

ある瞬間に波の山(または谷)の点をつなぐと，1つの面ができる．これを**波面**といい，波面が平面のとき**平面波**，球面のとき**球面波**と呼ぶ．

平面波　単位ベクトル $\hat{\boldsymbol{k}}$ で示される方向に進む平面波を考える．波面上の1点を示す位置ベクトルを $\boldsymbol{r}$ とすれば，時刻 t での波面の方程式は

(7.19) $\qquad \hat{\boldsymbol{k}} \cdot \boldsymbol{r} = g(t)$

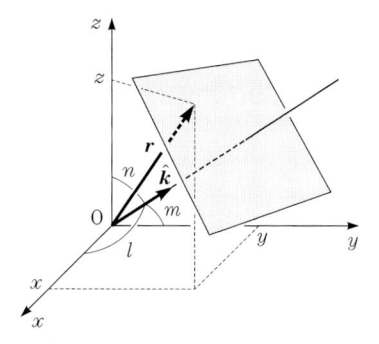

で表され，この条件を満たす点の集合が波面となる．波面は，右の図のように波の進行方向 $\hat{\boldsymbol{k}}$ に垂直である．この波面上で波動量 u は等しい値をもつから，一定の波形を保ち，一定の速さ v で $\hat{\boldsymbol{k}}$ 方向に進む平面波 $u(\boldsymbol{r}, t)$ は

(7.20) $\qquad u(\boldsymbol{r}, t) = f(\hat{\boldsymbol{k}} \cdot \boldsymbol{r} \mp vt)$

のように $\hat{\boldsymbol{k}} \cdot \boldsymbol{r} \mp vt$ の関数として表される．$\hat{\boldsymbol{k}}$ の示す方向の方向余弦を l, m, n ($l^2 + m^2 + n^2 = 1$) とし，$\boldsymbol{r}$ の成分を x, y, z とすれば，(7.20) は

(7.21) $\qquad u = f(lx + my + nz \mp vt)$

と書ける．

例えば，正弦波の場合，(7.21) は次式のようになる：

(7.22) $\qquad u = A \sin k(lx + my + nz \mp vt) \qquad (A, k：定数)$．

ここで，$kl = k_x$, $km = k_y$, $kn = k_z$, $kv = \omega$ とおくと，(7.22) は

(7.23) $\qquad u = A \sin(\boldsymbol{k} \cdot \boldsymbol{r} \mp \omega t)$

と書ける．ここで，A を**振幅**，$\boldsymbol{k} \cdot \boldsymbol{r} \mp \omega t$ を波の**位相**，$\boldsymbol{k}$ を**波数ベクトル**($|\boldsymbol{k}| = \sqrt{k_x^2 + k_y^2 + k_z^2} = k = 2\pi/\lambda$)と呼ぶ．

さらに，平面波は複素数を用いて次のように表示されることがある：
$$u = A \exp i(\boldsymbol{k}\cdot\boldsymbol{r} \mp \omega t). \tag{7.24}$$

球面波　次に，1点からすべての方向に一様に同じ速さで広がっていく球面波を考えよう．この場合，波動量 u は波源からの距離 r と時間 t との関数である．波源を原点として xyz-座標をとると，点 (x, y, z) の波源からの距離は $r = \sqrt{x^2 + y^2 + z^2}$ である．$u = u(r(x, y, z), t)$ だから，

$$\frac{\partial u}{\partial x} = \frac{\partial u}{\partial r}\cdot\frac{\partial r}{\partial x} = \frac{x}{r}\frac{\partial u}{\partial r},$$

$$\frac{\partial^2 u}{\partial x^2} = \frac{\partial}{\partial x}\left(\frac{x}{r}\frac{\partial u}{\partial r}\right) = \frac{1}{r}\frac{\partial u}{\partial r} + x\left\{\frac{\partial}{\partial r}\left(\frac{1}{r}\frac{\partial u}{\partial r}\right)\frac{\partial r}{\partial x}\right\}$$

$$= \frac{1}{r}\frac{\partial u}{\partial r} - \frac{x^2}{r^3}\frac{\partial u}{\partial r} + \frac{x^2}{r^2}\frac{\partial^2 u}{\partial r^2}.$$

$\partial^2 u/\partial y^2$, $\partial^2 u/\partial z^2$ も同様な形に求められるから，$r^2 = x^2 + y^2 + z^2$ に注意して

$$\frac{\partial^2 u}{\partial x^2} + \frac{\partial^2 u}{\partial y^2} + \frac{\partial^2 u}{\partial z^2} = 2\frac{1}{r}\frac{\partial u}{\partial r} + \frac{\partial^2 u}{\partial r^2} = \frac{1}{r}\frac{\partial^2(ru)}{\partial r^2}$$

となる．この結果を (7.18) に代入すると，球面波の波動方程式

$$\frac{\partial^2 u}{\partial t^2} = \frac{v^2}{r}\frac{\partial^2(ru)}{\partial r^2} \quad\text{または}\quad \frac{\partial^2(ru)}{\partial t^2} = v^2\frac{\partial^2(ru)}{\partial r^2} \tag{7.25}$$

を得る．これは1次元波動方程式と全く同じ形であるから，一般解は

$$ru = g_1(r - vt) + g_2(r + vt) \quad (g_1, g_2：任意関数)$$

となる．これを書き換えると次式を得る：

$$u(r, t) = \frac{1}{r}g_1(r - vt) + \frac{1}{r}g_2(r + vt). \tag{7.26}$$

これは，球面波の進行波解で，右辺第1項は波源からあらゆる方向に速さ v で広がる**発散波**を，第2項はあらゆる方向から速さ v で波源に集まる**収束波**を表している．また，$1/r$ の因子は波の振幅が波源からの距離 r に反比例して減少することを示している．任意関数 g_1 と g_2 を適当に選ぶと多様な複合波を作ることができる．

ヘルムホルツ方程式

次に，S を空間座標 (x, y, z) の関数，T を時間 t だけの関数として，変数分離解 $u = S(x, y, z)\,T(t)$ を仮定し，(7.18) に代入すると，

$$\frac{1}{T}\frac{d^2 T}{dt^2} = v^2 \frac{\Delta S}{S}$$

$$\left(\text{ここで，}\Delta \equiv \frac{\partial^2}{\partial x^2} + \frac{\partial^2}{\partial y^2} + \frac{\partial^2}{\partial z^2} \text{ はラプラス演算子}\right)$$

と変数分離形にでき，分離定数を $-\omega^2$ とおくと，時間部分の方程式は

(7.27) $$\frac{d^2 T}{dt^2} + \omega^2 T = 0$$

となり，この常微分方程式の一般解は次式のように得られる：

(7.28) $\quad T(t) = C_1 e^{i\omega t} + C_2 e^{-i\omega t} \quad (C_1, C_2：任意定数).$

一方，波動関数 u の空間部分の方程式は

$$\Delta S + \frac{\omega^2}{v^2} S = 0$$

すなわち，

(7.29) $\quad \Delta S + k^2 S = 0 \quad (\text{ただし，}v = \omega/k)$

となる．(7.29) を**ヘルムホルツ方程式**と呼ぶ．この方程式は振動に関する理論の基礎となり，**波動方程式の空間形**とも呼ばれる．

1次元の場合，(7.29) から (7.27) とよく似た次の常微分方程式を得る：

$$\frac{d^2 S(x)}{dx^2} + k^2 S(x) = 0.$$

この方程式の一般解は，(7.28) のように空間的振動解となる．すなわち，

$$S_k(x) = a\, e^{ikx} + b\, e^{-ikx} \quad (a, b：任意定数).$$

3次元の場合，$S(x, y, z) = X(x)\,Y(y)\,Z(z)$ とおいて，(7.29) に代入し，$k^2 = k_x^2 + k_y^2 + k_z^2$ を使って変数分離形にすると

$$\frac{X''}{X} = -k_x^2, \quad \frac{Y''}{Y} = -k_y^2, \quad \frac{Z''}{Z} = -k_z^2$$

とおけるから，それぞれの解は，

$X = C_x e^{ik_x x}$, $Y = C_y e^{ik_y y}$, $Z = C_z e^{ik_z z}$ (C_x, C_y, C_z：任意定数).

よって，(7.29) の解は次のように書ける：

(7.30) $\qquad S = C_k e^{i(k_x x + k_y y + k_z z)} \qquad$ (C_k：任意定数).

k_x, k_y, k_z を波数ベクトル $\boldsymbol{k}$ の成分とみなすと

(7.31) $\qquad S(\boldsymbol{r}) = C(\boldsymbol{k}) e^{i\boldsymbol{k}\cdot\boldsymbol{r}}$

と書いてもよい．ただし，$\boldsymbol{r}$ は波面上の位置ベクトルである．

この結果と (7.28) を組み合わせると，波動方程式 (7.18) の解は

(7.32) $\qquad u(\boldsymbol{r}, t) = \sum_{\boldsymbol{k}} C(\boldsymbol{k}) e^{i(\boldsymbol{k}\cdot\boldsymbol{r} \pm kvt)}$

あるいは，3重積分を使って次の形となる：

(7.33) $\qquad u(\boldsymbol{r}, t) = \iiint C(\boldsymbol{k}) e^{i(\boldsymbol{k}\cdot\boldsymbol{r} \pm \omega t)} d\boldsymbol{k}$.

ここで，ベクトル関数 $C(\boldsymbol{k})$ は単に3つの実変数 k_x, k_y, k_z の関数とみなす．(7.33) は，一般の波を正弦平面波の重ね合わせとして構成することに対応する．

練 習 問 題 7

1. 次の式が $u_{tt} - v^2 u_{xx} = 0$ を満たすことを示せ．ただし，$\omega = kv$, $\lambda = vT$.

(1) $u = A\cos(kx - \omega t)$ 　　 (2) $u = A\sin 2\pi\left(\dfrac{x}{\lambda} - \dfrac{t}{T}\right)$

(3) $u = A\exp i(kx - \omega t)$

2. $u(x, t) = \exp\{-(x - ct)^2\}$ は，t が $0, 2/c, 4/c$ と変化すると右方（x-軸の正方向）へ動くパルス波であることをグラフで示せ．

3. ダランベールの解 (7.13) が初期条件 (7.9) を満たすことを説明せよ．

4. 1次元波動方程式 $u_{tt} - v^2 u_{xx} = 0$ の初期変位分布 $\varphi(x) = e^{-x^2}$, 初期速度分布 $\psi(x) = 0$ を満たす解を求めよ．

5. ヘルムホルツ方程式 $\Delta S(r) + k^2 S(r) = 0$ を球座標として解け．ただし，$r = \sqrt{x^2 + y^2 + z^2}$.

§8. 熱伝導〔拡散〕方程式（I）

繰り返しが可能な振動・波動現象に対し，熱は高温部分から低温部分へ移るだけで，その逆には流れない**不可逆現象**である．拡散は，1つの液体に他の液体を，あるいは1つの気体に他の気体を入れたとき，2つの物質が段々と混ざり，全体の濃度が均一になる現象で，これも不可逆現象である．この節と次節では，この不可逆現象を記述する偏微分方程式の扱い方を学ぶ．

熱伝導〔拡散〕方程式の導出

熱伝導方程式　物体に出入りする熱量が保存されることを使って1次元熱伝導方程式を導出しよう．下の図のように，断面積 S，長さ l の一様な棒の側面を断熱材で包み，熱は x 方向に流れるだけとする．一端Aの温度を u_A，他端Bの温度を u_B とし，AからBに温度が一様に低くなっている．実験によると，時間 t の間にAからBに流れる熱量 Q は，AB間の温度勾配 $(u_A - u_B)/l$，時間 t，および断面積 S に比例することが知られているので，

$$Q = K \frac{u_A - u_B}{l} St \tag{8.1}$$

が成り立つ．ここで，K〔J/m・deg〕は比例定数で，物質によって定まるもので**熱伝導率**と呼ばれる．

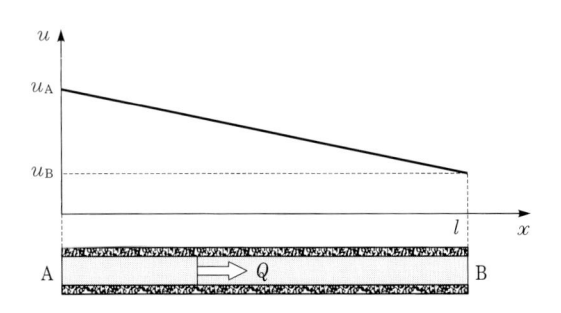

§8. 熱伝導〔拡散〕方程式(Ⅰ)

次に，温度勾配が一定でなく場所によって異なる場合を考えよう．棒に沿って x -軸をとり，時刻 t のときの点 x における棒の温度を $u(x,t)$ とすれば，任意の点での温度勾配は $-\partial u/\partial x$ で与えられる（熱の流れる方向は温度勾配と逆方向であるので負号が付く）．したがって，この点での断面積 S を通って時間 Δt に流れる熱量 ΔQ は，(8.1)と同様に考えて

(8.2) $$\Delta Q = -KS\frac{\partial u}{\partial x}\Delta t$$

となり，この熱量 ΔQ は x の正方向に流れるとき正値をとる．

いま，右の図のように，x と $x+\Delta x$ にある断面積 S の2つの面 A, B を通して単位時間に流れる熱量（$\partial Q/\partial t$）を考える．A 面（x）を通って流れる熱量 ΔQ_A は (8.2) より，

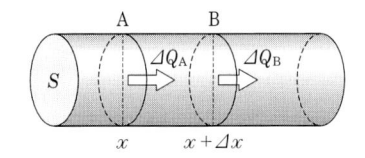

$$\Delta Q_A = -KS\frac{\partial u(x,t)}{\partial x}.$$

同様に，B 面（$x+\Delta x$）を通る熱量 ΔQ_B は

$$\Delta Q_B = -KS\frac{\partial u(x+\Delta x,t)}{\partial x} \fallingdotseq -KS\left(\frac{\partial u(x,t)}{\partial x} + \frac{\partial^2 u(x,t)}{\partial x^2}\Delta x\right)$$

である．ここで，近似式 $f(x+\Delta x) - f(x) \fallingdotseq f'(x)\Delta x$ を用いた．$\partial u/\partial x$ が $f(x)$ に，$\partial^2 u/\partial x^2$ が $f'(x)$ に対応している．

したがって，A, B の2面にはさまれた部分（Δx）に単位時間に流入する熱量 ΔQ は次式のように表される：

(8.3) $$\Delta Q = \Delta Q_A - \Delta Q_B$$
$$= -KS\frac{\partial u}{\partial x} - \left\{-KS\left(\frac{\partial u}{\partial x} + \frac{\partial^2 u}{\partial x^2}\Delta x\right)\right\} = KS\frac{\partial^2 u}{\partial x^2}\Delta x.$$

一方，棒の密度を ρ，比熱を c〔cal/g・deg〕とすると，Δx 部分の温度を1度だけ上昇させるのに必要な熱量は $c\rho S\Delta x$ であり，この部分の単位時間の温度上昇は $\partial u/\partial t$ だから，Δx 部分での熱量の増加 $\Delta Q'$ は次のように表される：

(8.4) $$\Delta Q' = c\rho S \Delta x \frac{\partial u}{\partial t}.$$

熱量の保存則から，$\Delta Q = \Delta Q'$ であるから，**1次元熱伝導方程式**

(8.5) $$\frac{\partial u(x,t)}{\partial t} = \kappa \frac{\partial^2 u(x,t)}{\partial x^2}$$

を得る．ここで，$\kappa = K/c\rho\ (>0)$ は**熱拡散率**と呼ばれ，cm²/sec の単位をもつ．

さらに，熱源 $g(x,t)$ があれば，(8.5) は次の非斉次式となる：

(8.6) $$\frac{\partial u(x,t)}{\partial t} = \kappa \frac{\partial^2 u(x,t)}{\partial x^2} + g(x,t).$$

これを3次元に拡張すると，次の**3次元熱伝導方程式**となる：

(8.7) $$\frac{\partial u(x,y,z,t)}{\partial t} = \kappa\left(\frac{\partial^2 u}{\partial x^2} + \frac{\partial^2 u}{\partial y^2} + \frac{\partial^2 u}{\partial z^2}\right) + g(x,y,z,t).$$

拡散方程式 気体や液体などの溶媒中に解けた物質の拡散は熱伝導と同じ法則にのっとり，(8.5)〜(8.7) と同じ形の偏微分方程式で記述される．(8.5) に対応するものを考えてみよう．物質は濃度の高い方から低い方へと拡散してゆき，物質の濃度（または粒子密度）を $u(x,t)$ とすると，その単位時間当りの拡散量（$\partial u/\partial t$）は濃度勾配（$\partial u/\partial x$）変化に比例するから

(8.8) $$\frac{\partial u(x,t)}{\partial t} = D \frac{\partial^2 u(x,t)}{\partial x^2} \qquad (D>0：拡散係数)$$

は1次元拡散方程式を表し，ここで D の単位は m²/sec である．

(8.5)〔あるいは (8.8)〕は温度〔あるいは濃度〕の時間的変化率 $\partial u/\partial t$ と温度〔あるいは濃度〕分布 $u(x,t)$ の勾配の空間的変化率 $\frac{\partial}{\partial x}\left(\frac{\partial u}{\partial x}\right)$ との間の関係を記述している．このように，熱伝導〔拡散〕方程式は x については2階の偏微分であるのに対し，t については1階の偏微分であることから対称でないため，熱や濃度は時間とともに一方向に移っていく不可逆的な過渡現象を記述することになる．

有限な棒の熱伝導

両端をもつ棒の熱伝導の問題 (8.5) を考えよう．棒の長さを l とし，x の区間 $0 \leq x \leq l$ とする．棒の両端温度がいつも 0 であるという境界条件

(8.9) $\qquad u(0, t) = u|_{x=0} = 0, \qquad u(l, t) = u|_{x=l} = 0$

を仮定し，初期条件（初期温度分布）を次のようにおく：

(8.10) $\qquad u(x, 0) = u|_{t=0} = \varphi(x).$

$\varphi(x)$ は連続かつ導関数は区分的に連続とし，$\varphi(0) = \varphi(l) = 0$ である．

変数分離解 $u(x, t) = X(x) T(t)$ があると仮定し，(8.5) に代入すると

(8.11) $\qquad X(x) T'(t) = \kappa X''(x) T(t) \qquad \therefore \ \dfrac{1}{\kappa} \dfrac{T'(t)}{T(t)} = \dfrac{X''(x)}{X(x)}.$

分離定数を $-\lambda^2$ とおき，T と X についての 2 つの常微分方程式を解くと

(8.12) $\qquad T(t) = A e^{-\lambda^2 \kappa t}, \qquad X(x) = B \cos \lambda x + C \sin \lambda x$

$\qquad\qquad\qquad\qquad\qquad\qquad$ (A, B, C : 任意定数)

を得る．よって，

(8.13) $\qquad u(x, t) = e^{-\lambda^2 \kappa t} (B \cos \lambda x + C \sin \lambda x)$

となる．ただし，$T(t)$ の定数因子 A は B, C の中に含めて考えることにして省いた．$\kappa > 0$ としているので，$t \to \infty$ で $T \to 0$ となる減衰解（平衡状態に近づく解）を表し，$X(x)$ は周期 $2\pi/\lambda$ の周期性を示している．

注意 (8.11) を解くときに分離定数を $-\lambda^2$ とおいたが，分離定数を λ^2 とおくと $T'(t) = \lambda^2 \kappa T(t)$，$X''(x) = \lambda^2 X(x)$．これらの一般解は次式で与えられる：

$\qquad T(t) = A e^{\lambda^2 \kappa t}, \quad X(x) = B e^{\lambda x} + C e^{-\lambda x} \qquad$ (A, B, C : 任意定数).

これは $t \to \infty$ で $T \to \infty$；$|x| \to \infty$ で $|X| \to \infty$ となって発散し，物理的に意味のない解なので除かれる．

さて，境界条件 (8.9) を $X(x)$ に関する条件に直すと，$X(0) = 0$，$X(l) = 0$ となる．これを (8.12) に代入すると，$X(0) = B = 0$，$X(l) = C \sin \lambda l = 0$．$C \neq 0$ を仮定しなければならないから，$\sin \lambda l = 0$ より

(8.14) $\qquad \lambda l = n\pi \qquad \therefore \ \lambda = \dfrac{n\pi}{l} \equiv \lambda_n \qquad (n = 1, 2, \cdots)$

を得る．固有値 λ_n に対応する固有関数解 u_n を次のように与える：

(8.15) $\qquad u_n = \exp(-\kappa \lambda_n^2 t) \sin \lambda_n x.$

熱伝導方程式 (8.5) は線形微分方程式であるから，無限級数

(8.16) $\qquad u(x,t) = \sum_{n=1}^{\infty} a_n \exp(-\kappa \lambda_n^2 t) \sin \lambda_n x \qquad$ (a_n：任意定数)

も解としてもつことになり，これに初期条件 (8.10) を使うと，

(8.17) $\qquad u(x,0) = \sum_{n=1}^{\infty} a_n \sin \lambda_n x = \varphi(x).$

これは $\varphi(x)$ のフーリエ級数表示と考えられるから，a_n は次式で与えられることが知られている (フーリエ解析の本を参照せよ) ：

(8.18) $\qquad a_n = \dfrac{2}{l} \displaystyle\int_0^l \varphi(x) \sin \dfrac{n\pi x}{l} dx.$

例題 8.1 有限の棒の熱伝導方程式

$$\dfrac{\partial u(x,t)}{\partial t} = \kappa \dfrac{\partial^2 u(x,t)}{\partial x^2} \quad (\kappa：定数)$$

において，初期温度分布 $\varphi(x)$ が図のように与えられたとき，

境界条件： $u|_{x=0} = 0, \quad u|_{x=l} = 0$

として，その後の温度分布 u を求めよ．

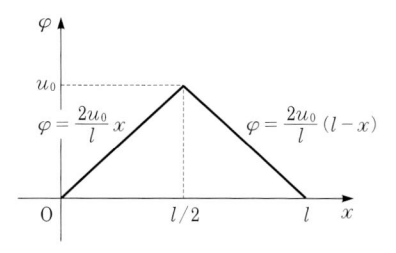

[解] 変数分離解 (8.16) の展開係数を (8.18) から計算する．図より，$0 \leq x \leq \dfrac{l}{2}$ では $\varphi(x) = \dfrac{2u_0}{l} x$；$\dfrac{l}{2} \leq x \leq l$ では $\varphi(x) = \dfrac{2u_0}{l}(l-x)$ だから，(8.18) より，部分積分を用いて計算すれば

$$a_n = \dfrac{4u_0}{l^2} \left\{ \int_0^{l/2} x \sin \dfrac{n\pi x}{l} dx + \int_{l/2}^l (l-x) \sin \dfrac{n\pi x}{l} dx \right\}$$

$$= \dfrac{8u_0}{n^2 \pi^2} \sin \dfrac{n\pi}{2}.$$

よって，n が偶数のとき $a_n = 0$；n が奇数のとき $a_n = \dfrac{8u_0}{n^2 \pi^2}(-1)^{\frac{n-1}{2}}$．これを (8.16) に代入し，$n = 2m+1$ とおいて，

$$u(x,t) = \sum_{m=0}^{\infty} \dfrac{8u_0(-1)^m}{(2m+1)^2 \pi^2} \exp(-\kappa \lambda_{2m+1}^2 t) \sin \lambda_{2m+1} x. \quad \diamond$$

非斉次な境界条件での解法

熱伝導の場合，境界条件は次の3種の場合が考えられる：
  (i) 棒の両端がそれぞれ一定温度の外界にさらされている場合，
  (ii) 棒の両端が外界から熱的にさえぎられている(断熱の)場合，
  (iii) 棒の一端が断熱され，他端が一定温度にさらされている場合．

ここでは(i)の解法のみを述べる．次の境界条件のもとで考える：

(8.19) $\quad u(0,t) = u|_{x=0} = \bar{u}_0, \quad u(l,t) = u|_{x=l} = \bar{u}_l$.

いま，棒端の温度を u，外界の温度を $\bar{u}$，棒と外界との熱交換係数を h（定数 >0）とすると，単位時間に単位断面積を通る熱流は $h(u-\bar{u})$ に等しい．熱が棒から外界に出ていくとき（$u>\bar{u}$），熱流は正で，逆の場合，熱流は負となる．よって，Δt の間に端の断面（S）全体に伝えられる熱量は $h(u-\bar{u})S\Delta t$ となる．一方，Ox 方向に断面を通過する熱量は，(8.2) より $-KS(\partial u/\partial x)\Delta t$ だから，左端で $h=h_0$，$\bar{u}=\bar{u}_0$；右端で $h=h_l$，$\bar{u}=\bar{u}_l$ とすると，両端での境界条件はそれぞれ次の形になる：

(8.20) $\quad K\dfrac{\partial u}{\partial x}\Big|_{x=0} = h_0(u|_{x=0} - \bar{u}_0), \quad -K\dfrac{\partial u}{\partial x}\Big|_{x=l} = h_l(u|_{x=l} - \bar{u}_l)$

この条件より，物体のある断面を横切る外向きの熱流束は，その断面での内向き法線方向の導関数 $\partial u/\partial x$ に比例するので，両端が熱源からさえぎられているとき両端での熱交換はないので h_0, h_l は0；一定温度にさらされているとき棒の両端で温度が不連続に変化し，温度勾配 $\partial u/\partial x$ は無限大と考えられるので，(8.20) より h_0, h_l は無限大とおける．

さて，$\bar{u}_0 \neq 0$ あるいは $\bar{u}_l \neq 0$ の場合，$u \equiv 0$ は条件を満足しないから，(8.20) は**非斉次な境界条件**と呼ばれ，変数分離法は適用できなくなる（p.44 参照）．それで，外界の温度 $\bar{u}_0, \bar{u}_l$ が一定であるという仮定のもとに，斉次の境界条件の問題に直して解く．そのため次の公式で u と結ばれた新しい関数 $w = w(x,t)$ を導入する：

(8.21) $\quad u(x,t) = w(x,t) + \alpha + \beta x$.

ここで，α, β は定数係数で，関数 w に対して斉次な境界条件が求められる

ように選ばれる．(8.21) より，次の式を得る：

$$\begin{cases} u|_{x=0} = w|_{x=0} + \alpha, & \dfrac{\partial u}{\partial x}\Big|_{x=0} = \dfrac{\partial w}{\partial x}\Big|_{x=0} + \beta, \\ u|_{x=l} = w|_{x=l} + \alpha + \beta l, & \dfrac{\partial u}{\partial x}\Big|_{x=l} = \dfrac{\partial w}{\partial x}\Big|_{x=l} + \beta. \end{cases}$$

これらを (8.20) に代入し，整理するとそれぞれ次の式となる：

$$K\dfrac{\partial w}{\partial x}\Big|_{x=0} = h_0 w|_{x=0} + h_0 \alpha - K\beta - h_0 \bar{u}_0,$$

$$-K\dfrac{\partial w}{\partial x}\Big|_{x=l} = h_l w|_{x=l} + h_l \alpha + (l h_l + K)\beta - h_l \bar{u}_l.$$

これらの条件が斉次であるためには次式が成り立てばよい：

(8.22) $\quad\begin{cases} h_0 \alpha - K\beta = h_0 \bar{u}_0, \\ h_l \alpha + (l h_l + K)\beta = h_l \bar{u}_l. \end{cases}$

この式が成立すると，$w(x,t)$ についての次の斉次形の境界条件を得る：

(8.23) $\quad K\dfrac{\partial w}{\partial x}\Big|_{x=0} = h_0 w|_{x=0}, \quad -K\dfrac{\partial w}{\partial x}\Big|_{x=l} = h_l w|_{x=l}.$

また，u の初期分布を $u(x,0) = \varphi(x)$ とすると，$w(x,t)$ に対する初期分布は，(8.21) より

(8.24) $\quad w|_{t=0} = u|_{t=0} - \alpha - \beta x = \varphi(x) - \alpha - \beta x = \varphi_1(x).$

ここで，$\varphi_1(x)$ は $\varphi(x)$ と同様に $0 \leq x \leq l$ で与えられる関数である．(8.21) より，$u_t = w_t$，$u_{xx} = w_{xx}$ であるから，w の満足する微分方程式は (8.5) と変わらない．よって，斉次形の境界条件 (8.23) と初期条件 (8.24) のもとで

(8.25) $\quad w_t(x,t) = \kappa w_{xx}(x,t) \qquad (\kappa：定数)$

を満たす $w(x,t)$ を求めればよい．この w を求めるのに変数分離法が使えるから，(8.13) と同様に w は次の形の変数分離解として求められる：

(8.26) $\quad w(x,t) = (a\cos\lambda x + b\sin\lambda x)e^{-\lambda^2 \kappa t}$

$\qquad\qquad\qquad (\lambda：分離定数，a, b：任意定数).$

この w を，$a\cos\lambda x + b\sin\lambda x = X(x)$ とおいて (8.23) に代入すると，

$$(8.27) \qquad KX'(0) = h_0 X(0), \qquad -KX'(l) = h_l X(l)$$

となる．$X'(x) = -\lambda a \sin \lambda x + \lambda b \cos \lambda x$ だから，(8.27) は

$$K\lambda b = h_0 a, \qquad K\lambda a \sin \lambda l - K\lambda b \cos \lambda l = h_l a \cos \lambda l + h_l b \sin \lambda l$$

となり，これより第1式，第2式からそれぞれ次式を得る：

$$(8.28) \qquad \frac{a}{b} = \frac{K}{h_0}\lambda, \qquad \frac{a}{b} = \frac{h_l \sin \lambda l + K\lambda \cos \lambda l}{K\lambda \sin \lambda l - h_l \cos \lambda l} = \frac{h_l \tan \lambda l + K\lambda}{K\lambda \tan \lambda l - h_l}.$$

よって，分離定数 λ は次の方程式を満たさなければならない：

$$(8.29) \qquad \tan \lambda l = \frac{K(h_0 + h_l)\lambda}{K^2 \lambda^2 - h_0 h_l}.$$

端が一定温度にさらされているとき，前述したように熱交換係数 h_0, h_l は無限大になる．(8.29) の右辺の分母と分子を積 $h_0 h_l$ で割り，$h_0 \to \infty$, $h_l \to \infty$ とすると，

$$\tan \lambda l = 0 \qquad \text{すなわち}, \qquad \lambda l = n\pi$$

となり，λ は

$$(8.30) \qquad \lambda = \lambda_n = \frac{n\pi}{l} \qquad (n = 1, 2, \cdots)$$

に属する固有値だけとる．よって，(8.26) は次のようになる：

$$(8.26)_n \qquad w_n(x, t) = \left(a_n \cos \frac{n\pi x}{l} + b_n \sin \frac{n\pi x}{l} \right) \exp\left(-\frac{n^2 \pi^2 \kappa t}{l^2} \right).$$

(8.28) の第1式で $h_0 = \infty$ とすると，$a = a_n = 0$ となるから，$(8.26)_n$ は次式となる：

$$(8.31) \qquad w_n(x, t) = b_n \sin \frac{n\pi x}{l} \exp\left(-\frac{n^2 \pi^2 \kappa t}{l^2} \right).$$

ここで，次の級数が初期条件を満たすように，b_n を定めよう．

$$(8.32) \qquad w(x, t) = \sum_{n=1}^{\infty} b_n \sin \frac{n\pi x}{l} \exp\left(-\frac{n^2 \pi^2 \kappa t}{l^2} \right).$$

この式に，$t = 0$ を代入し，初期分布 (8.24) を使うと次式となる：

$$(8.33) \qquad w|_{t=0} = \sum_{n=1}^{\infty} b_n \sin \frac{n\pi x}{l} = \varphi_1(x).$$

これより，b_n は与えられた $\varphi_1(x)$ を用いて次のように計算できる：

(8.34) $$b_n = \frac{2}{l}\int_0^l \varphi_1(x) \sin\frac{n\pi x}{l} dx.$$

この b_n を (8.32) に代入すれば問題の解が求められる．

実は，(8.22) で $h_0 = h_l = \infty$ とすると，$\alpha = \bar{u}_0$，$\alpha + l\beta = \bar{u}_l$ すなわち，

(8.35) $$\alpha = \bar{u}_0, \qquad \beta = \frac{1}{l}(\bar{u}_l - \bar{u}_0)$$

となる．

例題 8.2 有限な棒の左端は $u|_{x=0} = \bar{u}_0$，右端は $u|_{x=l} = \bar{u}_l$ のように一定な温度にさらされており，初期温度は棒に沿って一定で，$\varphi(x) = u_0$ ($0 < x < l$) である ($x = 0, l$ で初期温度が不連続となっている) とする．$\bar{u}_0 > u_0 > \bar{u}_l$ のとき，その後の棒の温度分布を示せ．

[**解**] (8.35) より，(8.24) は次式となる：

$$\varphi_1(x) = u_0 - \bar{u}_0 - \frac{1}{l}(\bar{u}_l - \bar{u}_0)x.$$

これを (8.34) に代入すると

$$\begin{aligned}
b_n &= \frac{2}{l}\int_0^l \left\{u_0 - \bar{u}_0 - \frac{1}{l}(\bar{u}_l - \bar{u}_0)x\right\} \sin\frac{n\pi x}{l} dx \\
&= \frac{2}{n\pi}(u_0 - \bar{u}_0)\{1 - (-1)^n\} - \frac{2}{l^2}(\bar{u}_l - \bar{u}_0)\int_0^l x \sin\frac{n\pi x}{l} dx \\
&= \frac{2}{n\pi}(u_0 - \bar{u}_0)\{1 - (-1)^n\} + \frac{2}{n\pi}(-1)^n(\bar{u}_l - \bar{u}_0) \\
&= \frac{2}{n\pi}\{u_0 - \bar{u}_0 + (-1)^n(\bar{u}_l - u_0)\}.
\end{aligned}$$

これを (8.32) に代入すると次式を得る：

$$\begin{aligned}
w(x, t) &= \frac{2}{\pi}(u_0 - \bar{u}_0)\sum_{n=1}^{\infty} \frac{1}{n}\sin\frac{n\pi x}{l} \exp\left(-\frac{n^2\pi^2\kappa t}{l^2}\right) \\
&\quad + \frac{2}{\pi}(\bar{u}_l - u_0)\sum_{n=1}^{\infty}(-1)^n \frac{1}{n}\sin\frac{n\pi x}{l} \exp\left(-\frac{n^2\pi^2\kappa t}{l^2}\right).
\end{aligned}$$

よって，$u(x, t)$ は (8.21) より次のように求められる：

$$u(x,t) = w(x,t) + \alpha + \beta x$$
$$= w(x,t) + \bar{u}_0 + \frac{1}{l}(\bar{u}_l - \bar{u}_0)x.$$

$t \to \infty$ のとき $w \to 0$ となるから,
$$u(x,t) \to \bar{u}_0 + \frac{1}{l}(\bar{u}_l - \bar{u}_0)x$$

となり,右の図のように,$\bar{u}_0$ と $\bar{u}_l$ の間に直線的に温度分布した状態に近づいていく. ◇

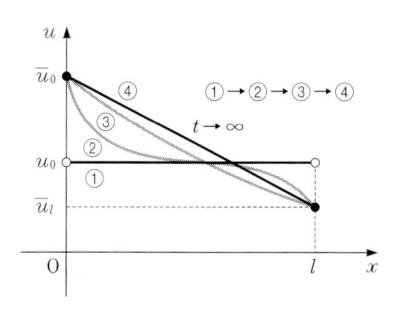

練 習 問 題 8

1. 次の関数が $u_t(x,t) = \kappa u_{xx}$ (κ:定数) を満たすことを示せ.
   (1) $u(x,t) = ax + b$ (a, b:定数)
   (2) $u(x,t) = e^{-\kappa t}\cos x$
   (3) $u(x,t) = \dfrac{1}{\sqrt{4\pi\kappa t}}\exp\left(\dfrac{-x^2}{4\kappa t}\right)$

2. x 方向に温度勾配があり,$x = 0$ で温度 u_0 に,$x = l$ で温度 u_1 に保たれているとき,定常的な温度分布と単位時間に単位面積を通って流れる熱量を求めよ.

3. $t = 0$ のとき,$x = 0$ の平面に濃度 u_0 が初期分布しており,$x = \pm L$ の容器の壁では $u(\pm L, t) = 0$ という境界条件を満たす1次元拡散方程式の1つの解を求めよ.

4. 3次元熱伝導方程式
$$\frac{\partial u(x,y,z,t)}{\partial t} = \kappa\left(\frac{\partial^2}{\partial x^2} + \frac{\partial^2}{\partial y^2} + \frac{\partial^2}{\partial z^2}\right)u(x,y,z,t)$$
の解を $u = S(x,y,z)T(t)$ として,分離定数を $-\kappa k^2$ とおけば,ヘルムホルツ方程式 $\Delta S + k^2 S = 0$ (§7参照) が導かれることを示せ.

5. 有限な棒 ($0 \le x \le l$) の左右両端が等しい温度 $\bar{u}_0 = \bar{u}_l$ にさらされており,初期温度は棒に沿って一定で $\varphi(x) = u_0$ ($0 < x < l$),かつ $u_0 > \bar{u}_0 = \bar{u}_l$ の場合,その後の温度分布を示せ.

§9. 熱伝導〔拡散〕方程式（Ⅱ）

無限長の棒における熱伝導方程式

　表面が断熱されている棒が左右にきわめて長い場合，棒の中央部分での熱過程に影響するのは初期温度分布だけであり，棒の端における温度条件の影響はないと考え境界条件をなくす．そこで，1次元熱伝導方程式

(9.1) $$\frac{\partial u(x,t)}{\partial t} = \kappa \frac{\partial^2 u(x,t)}{\partial x^2} \quad (\kappa：定数)$$

を次の初期温度分布のもとで解く：

(9.2) $$u(x,0) = u|_{t=0} = \varphi(x).$$

　問題を簡単にするために，時間 t の代りに新しい変数 $\tau = \kappa t$ を導入すると，$\dfrac{\partial u}{\partial t} = \dfrac{\partial u}{\partial \tau} \cdot \dfrac{\partial \tau}{\partial t} = \kappa \dfrac{\partial u}{\partial \tau}$ だから，(9.1) は

(9.3) $$\frac{\partial u(x,\tau)}{\partial \tau} = \frac{\partial^2 u(x,\tau)}{\partial x^2}$$

となり，棒の物理的性質 κ に無関係な形になる．

　$t=0$ のとき $\tau=0$ であるから，初期条件は次のようになる：

(9.4) $$u(x,0) = u|_{\tau=0} = \varphi(x).$$

方程式の解法

　前節と同様，変数分離解
$$u(x,\tau) = X(x)T(\tau)$$
があると仮定して (9.3) に代入し，分離定数を $-\lambda^2$ とおくと，(8.13) と同形の次の解を得る：

(9.5) $$u(x,\tau) = (a\cos\lambda x + b\sin\lambda x)e^{-\lambda^2 \tau}$$
$$(a, b：任意定数).$$

この式で，a と b は連続的に変化する λ の任意関数と考えると，

(9.6) $$u_\lambda(x,\tau) = \{a(\lambda)\cos\lambda x + b(\lambda)\sin\lambda x\}e^{-\lambda^2 \tau}$$

§9. 熱伝導〔拡散〕方程式（Ⅱ）

は特殊解の無限集合となる．(9.3) は斉次線形偏微分方程式なので

(9.7) $\quad u(x, \tau) = \int_{-\infty}^{\infty} u_\lambda(x, \tau)\, d\lambda$

$\quad\quad\quad\quad\quad = \int_{-\infty}^{\infty} \{a(\lambda) \cos \lambda x + b(\lambda) \sin \lambda x\} e^{-\lambda^2 \tau}\, d\lambda$

もまた (9.3) の解となる．これが初期条件 (9.4) を満足し，

(9.8) $\quad u|_{\tau=0} = \int_{-\infty}^{\infty} \{a(\lambda) \cos \lambda x + b(\lambda) \sin \lambda x\}\, d\lambda = \varphi(x)$

となるような未知関数 $a(\lambda), b(\lambda)$ を選べばよい．

(9.8) は $\varphi(x)$ のフーリエ積分表示を与えているが，フーリエ積分公式により次のように表示できることが知られている：

$$\varphi(x) = \frac{1}{2\pi} \int_{-\infty}^{\infty} d\lambda \int_{-\infty}^{\infty} \varphi(\xi) \cos \lambda(\xi - x)\, d\xi$$

$$= \int_{-\infty}^{\infty} \left\{ \left(\frac{1}{2\pi} \int_{-\infty}^{\infty} \varphi(\xi) \cos \lambda \xi\, d\xi \right) \cos \lambda x \right.$$

$$\left. + \left(\frac{1}{2\pi} \int_{-\infty}^{\infty} \varphi(\xi) \sin \lambda \xi\, d\xi \right) \sin \lambda x \right\} d\lambda.$$

この式と (9.8) を比較して，次の式を得る：

(9.9) $\quad \begin{cases} a(\lambda) = \dfrac{1}{2\pi} \displaystyle\int_{-\infty}^{\infty} \varphi(\xi) \cos \lambda \xi\, d\xi, \\ b(\lambda) = \dfrac{1}{2\pi} \displaystyle\int_{-\infty}^{\infty} \varphi(\xi) \sin \lambda \xi\, d\xi. \end{cases}$

これを (9.7) に代入すると，次の無限長の棒における熱伝導の解を得る：

(9.10)

$$u(x, \tau) = \frac{1}{2\pi} \int_{-\infty}^{\infty} d\lambda \int_{-\infty}^{\infty} \varphi(\xi) \{\cos \lambda x \cos \lambda \xi + \sin \lambda x \sin \lambda \xi\} e^{-\lambda^2 \tau}\, d\xi$$

$$= \frac{1}{2\pi} \int_{-\infty}^{\infty} d\lambda \int_{-\infty}^{\infty} \varphi(\xi) \cos \lambda(x - \xi)\, e^{-\lambda^2 \tau}\, d\xi$$

注意 式 (9.5) では，a, b を任意定数としているが，これは変数 x と τ に対しての話である．λ がきちんと定まった定数ではない段階では，a, b は λ の値によって変わる（すなわち λ の関数）と考えるのである．

無限長の棒における熱伝導方程式の解の性質

解の性質を調べるために (9.10) をさらに変形する．右辺の積分の順序を変えると次のようになる：

$$(9.11) \quad u(x,\tau) = \frac{1}{2\pi} \int_{-\infty}^{\infty} \varphi(\xi) \left\{ \int_{-\infty}^{\infty} e^{-\lambda^2 \tau} \cos \lambda(x-\xi)\, d\lambda \right\} d\xi.$$

λ に関する積分で，変数の置換 $\lambda = \dfrac{\sigma}{\sqrt{\tau}}$ をし，$\dfrac{x-\xi}{\sqrt{\tau}} = \omega$ とおくと

$$(9.12) \quad \int_{-\infty}^{\infty} e^{-\lambda^2 \tau} \cos \lambda(x-\xi)\, d\lambda = \frac{1}{\sqrt{\tau}} \int_{-\infty}^{\infty} e^{-\sigma^2} \cos \sigma\omega\, d\sigma$$

$$= \frac{1}{\sqrt{\tau}} I(\omega) \qquad \text{ここで，} \quad I(\omega) = \int_{-\infty}^{\infty} e^{-\sigma^2} \cos \sigma\omega\, d\sigma.$$

特に，$I(0) = \sqrt{\pi}$ は**ポアソン積分**と呼ばれている．さらに，

$$I'(\omega) = -\int_{-\infty}^{\infty} \sigma\, e^{-\sigma^2} \sin \sigma\omega\, d\sigma$$

の右辺を部分積分して変形すると

$$I'(\omega) = \frac{1}{2}\Big[e^{-\sigma^2} \sin \sigma\omega \Big]_{-\infty}^{\infty} - \frac{\omega}{2} \int_{-\infty}^{\infty} e^{-\sigma^2} \cos \sigma\omega\, d\sigma = -\frac{\omega}{2} I(\omega).$$

この $I(\omega)$ に対する常微分方程式を解けば，容易に $I(\omega) = C \exp(-\omega^2/4)$ (C :任意定数) を得る．$I(0) = \sqrt{\pi}$ を使って，$C = \sqrt{\pi}$ と定まるから，

$$I(\omega) = \sqrt{\pi} \exp(-\omega^2/4)$$

となる．これらを (9.11) に代入すると次式を得る：

$$(9.13) \quad u(x,\tau) = \frac{1}{2\sqrt{\pi\tau}} \int_{-\infty}^{\infty} \varphi(\xi) \exp\left\{ -\frac{(x-\xi)^2}{4\tau} \right\} d\xi.$$

関係 $\tau = \kappa t$ により，t に戻すと (9.1) の解が次のように得られる：

$$(9.14) \quad u(x,t) = \frac{1}{2\sqrt{\pi\kappa t}} \int_{-\infty}^{\infty} \varphi(\xi) \exp\left\{ -\frac{(x-\xi)^2}{4\kappa t} \right\} d\xi.$$

(9.14) の物理的意味を例で調べるために，パラメータ ξ を含む関数

$$(9.15) \quad U(x-\xi, t) = \frac{1}{2\sqrt{\pi\kappa t}} \exp\left\{ -\frac{(x-\xi)^2}{4\kappa t} \right\}$$

を定義する．(9.15) は (9.1) の**基本解**(節末と p.78 の図を参照) である．

§9. 熱伝導〔拡散〕方程式(II)

例9.1 表面が断熱された無限長の棒に対し，$t=0$ に $x_0-\varepsilon$ から $x_0+\varepsilon$ までの線分に突然に次の関数で与えられる熱(熱的インパルス)

$$\varphi_\varepsilon(x) = \begin{cases} u_0 & (|x-x_0|<\varepsilon), \\ 0 & (|x-x_0|>\varepsilon) \end{cases}$$

(u_0：一定の温度)を加える．この場合の熱量 Q_0 は図より陰影部分の面積 $2\varepsilon u_0$ に比例する．棒の断面積を S とすれば，$2\varepsilon S$ は棒の線分部分の体積で，密度を ρ, 比熱を c とするとその熱量は $Q_0 = 2\varepsilon S\rho c u_0$ となる．

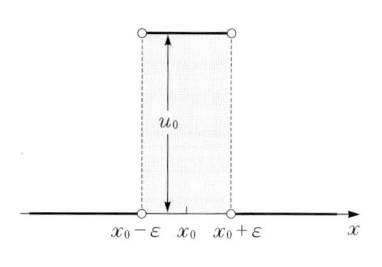

初期温度分布としてこのような熱的インパルスを与えたときの解は (9.14) より

$$(9.16) \qquad u(x,t) = \frac{u_0}{2\sqrt{\pi\kappa t}} \int_{x_0-\varepsilon}^{x_0+\varepsilon} \exp\left\{-\frac{(x-\xi)^2}{4\kappa t}\right\} d\xi$$

という形になる．これに，積分法の平均値の定理を使うと次式を得る：

$$\int_{x_0-\varepsilon}^{x_0+\varepsilon} \exp\left\{-\frac{(x-\xi)^2}{4\kappa t}\right\} d\xi = 2\varepsilon \exp\left\{-\frac{(x-\bar{\xi})^2}{4\kappa t}\right\}.$$

ただし，$\bar{\xi}$ は積分区間の ある点 ($x_0-\varepsilon < \bar{\xi} < x_0+\varepsilon$) である．この結果を使うと，(9.16) は次式のような形に書ける：

$$u(x,t) = \frac{2\varepsilon u_0}{2\sqrt{\pi\kappa t}} \exp\left\{-\frac{(x-\bar{\xi})^2}{4\kappa t}\right\}$$

$$= \frac{Q_0}{S\rho c} \frac{1}{2\sqrt{\pi\kappa t}} \exp\left\{-\frac{(x-\bar{\xi})^2}{4\kappa t}\right\}.$$

棒の物理的なパラメータをなくすために，$Q_0 = S\rho c$ と仮定すると，上式は

$$(9.17) \qquad u(x,t) = \frac{1}{2\sqrt{\pi\kappa t}} \exp\left\{-\frac{(x-\bar{\xi})^2}{4\kappa t}\right\}.$$

熱量を $Q_0 = S\rho c$ と仮定したとき，$2\varepsilon u_0 = 1$ となるから，$\varepsilon \to 0$ とすると $u_0 \to \infty$ となる．このとき，$\bar{\xi} \to x_0$ となる．よって，解 (9.17) は (9.15) を用いて

$$(9.18) \qquad u(x,t) = \frac{1}{2\sqrt{\pi\kappa t}} \exp\left\{-\frac{(x-x_0)^2}{4\kappa t}\right\} = U(x-x_0,t)$$

と表されて，パラメータ $\xi = x_0$ のときの基本解になる．

任意の t に対する関数 $U(x-x_0,t)$ は (9.18) より，$x = x_0$ に対して対称である．最大値は $x=x_0$ で，$1/2\sqrt{\pi\kappa t}$ であり，時間 t が経過すると小さくなる．

ある瞬間に熱的インパルスが $x = x_0$ に与えられたとき，$t > 0$ で熱がどのように伝わっていくかを (9.18) のグラフ（下の図）は示している．断熱の場合，外への熱量の出入りはないから，図の陰影部分の面積は一定である． ◇

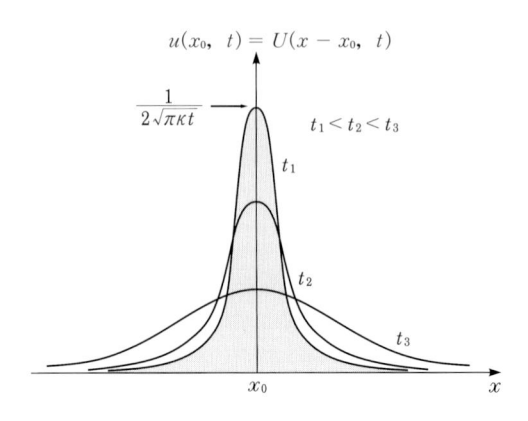

例題 9.1 無限長の棒に，図のような初期温度分布を与えたときの熱伝導方程式の解を求めよ．

$$\varphi(x) = \begin{cases} u_0\left(1 - \dfrac{x}{l}\right) & (0 \leq x \leq l) \\ u_0\left(1 + \dfrac{x}{l}\right) & (-l \leq x \leq 0) \\ 0 & (x \geq l,\ x \leq -l) \end{cases}$$

[解] (9.14) より

$$u(x, t) = \frac{u_0}{2\sqrt{\pi\kappa t}} \int_{-l}^{0} \left(1 + \frac{\xi}{l}\right) \exp\left\{-\frac{(x-\xi)^2}{4\kappa t}\right\} d\xi$$
$$+ \frac{u_0}{2\sqrt{\pi\kappa t}} \int_{0}^{l} \left(1 - \frac{\xi}{l}\right) \exp\left\{-\frac{(x-\xi)^2}{4\kappa t}\right\} d\xi .$$

いま，$(x - \xi)/2\sqrt{\kappa t} = \mu$ とおくと，$\xi = x - 2\sqrt{\kappa t}\mu$ ∴ $d\xi = -2\sqrt{\kappa t}\,d\mu$ だから，

$$u(x,t) = \frac{u_0}{\sqrt{\pi}} \Big\{ \Big(1+\frac{x}{l}\Big) \int_{\frac{x}{2\sqrt{\kappa t}}}^{\frac{x+l}{2\sqrt{\kappa t}}} e^{-\mu^2} d\mu + \Big(1-\frac{x}{l}\Big) \int_{\frac{x-l}{2\sqrt{\kappa t}}}^{\frac{x}{2\sqrt{\kappa t}}} e^{-\mu^2} d\mu$$
$$- 2\frac{\sqrt{\kappa t}}{l} \int_{\frac{x}{2\sqrt{\kappa t}}}^{\frac{x+l}{2\sqrt{\kappa t}}} \mu\, e^{-\mu^2} d\mu + 2\frac{\sqrt{\kappa t}}{l} \int_{\frac{x-l}{2\sqrt{\kappa t}}}^{\frac{x}{2\sqrt{\kappa t}}} \mu\, e^{-\mu^2} d\mu \Big\}.$$

ここで，**確率積分**と呼ばれる特殊関数

(9.19) $$\Phi(z) = \frac{2}{\sqrt{\pi}} \int_0^z e^{-\mu^2} d\mu$$

を導入する．$\Phi(-z) = -\Phi(z)$ だから $\Phi(z)$ は奇関数で，グラフは下の図のようであり，$\Phi(\infty) = 1$，$\Phi(-\infty) = -1$ である．

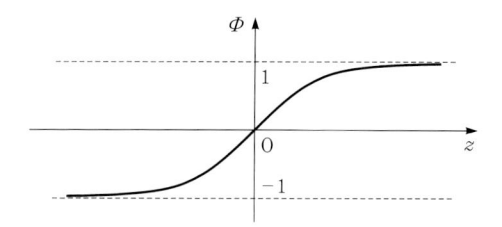

この $\Phi(z)$ を使うと，

$$u(x,t) = \frac{u_0}{2} \Big\{ \Big(1+\frac{x}{l}\Big) \Big[\Phi\Big(\frac{x+l}{2\sqrt{\kappa t}}\Big) - \Phi\Big(\frac{x}{2\sqrt{\kappa t}}\Big) \Big]$$
$$+ \Big(1-\frac{x}{l}\Big) \Big[\Phi\Big(\frac{x}{2\sqrt{\kappa t}}\Big) - \Phi\Big(\frac{x-l}{2\sqrt{\kappa t}}\Big) \Big] \Big\}$$
$$+ \frac{u_0}{l} \sqrt{\frac{\kappa t}{\pi}} \Big[\exp\Big\{-\frac{(x+l)^2}{4\kappa t}\Big\} - \exp\Big\{-\frac{x^2}{4\kappa t}\Big\}$$
$$- \exp\Big\{-\frac{x^2}{4\kappa t}\Big\} + \exp\Big\{-\frac{(x-l)^2}{4\kappa t}\Big\} \Big]$$
$$= \frac{u_0}{2} \Big\{ \Big(1+\frac{x}{l}\Big) \Phi\Big(\frac{x+l}{2\sqrt{\kappa t}}\Big) - 2\frac{x}{l} \Phi\Big(\frac{x}{2\sqrt{\kappa t}}\Big) - \Big(1-\frac{x}{l}\Big) \Phi\Big(\frac{x-l}{2\sqrt{\kappa t}}\Big) \Big\}$$
$$+ \frac{u_0}{l} \sqrt{\frac{\kappa t}{\pi}} \Big[\exp\Big\{-\frac{(x+l)^2}{4\kappa t}\Big\} - 2\exp\Big\{-\frac{x^2}{4\kappa t}\Big\}$$
$$+ \exp\Big\{-\frac{(x-l)^2}{4\kappa t}\Big\} \Big].$$

$\Phi(z)$ が奇関数だから，この解は x の偶関数である． ◇

半無限な棒の熱伝導方程式

棒の左端を $x=0$ とし，右端が無限に延びる半無限な棒で，棒の表面は前と同様断熱されているとする．棒の左端が断熱されている場合と一定温度にさらされている場合を考えよう．$x=0$ での境界条件は，有限な棒の場合の境界条件 (8.20) と同様に次の形となる：

$$(9.20) \qquad K\frac{\partial u}{\partial x}\bigg|_{x=0} = h_0\{u|_{x=0} - \bar{u}_0\}.$$

ここで，h_0 は $x=0$ での熱交換係数，K は棒の物質によってきまる熱伝導率である．

初期条件は半直線 $x>0$ 上だけで与えられ，次の形とする：

$$(9.21) \qquad u|_{t=0} = \varphi(x) \qquad (x>0).$$

（1） 左端 $x=0$ が断熱されている場合：

この場合，$h_0=0$ であるから，境界条件は (9.20) より $\dfrac{\partial u}{\partial x}\bigg|_{x=0}=0$ となる．数式を扱いやすくするため，便宜上，$\varphi(x)$ を負の半軸 $x<0$ 上に偶関数接続する．このとき $\varphi(-x)=\varphi(x)$ で，(9.14) の関数

$$(9.22) \qquad u(x,t) = \frac{1}{2\sqrt{\pi\kappa t}} \int_{-\infty}^{\infty} \varphi(\xi)\exp\left\{-\frac{(x-\xi)^2}{4\kappa t}\right\} d\xi$$

は熱伝導方程式 (9.1) の解で，初期条件 (9.21) を満足する．(9.22) を x で偏微分すると

$$\frac{\partial u}{\partial x} = \frac{1}{4\kappa t\sqrt{\pi\kappa t}} \int_{-\infty}^{\infty} \varphi(\xi)(\xi-x)\exp\left\{-\frac{(x-\xi)^2}{4\kappa t}\right\} d\xi.$$

これに $x=0$ を代入すると次式を得る：

$$\frac{\partial u}{\partial x}\bigg|_{x=0} = \frac{1}{4\kappa t\sqrt{\pi\kappa t}} \int_{-\infty}^{\infty} \xi\varphi(\xi)\exp\left\{-\frac{\xi^2}{4\kappa t}\right\} d\xi.$$

$\varphi(\xi)$ は偶関数であるが $\xi\varphi(\xi)$ は奇関数で，被積分関数全体が奇関数となり，これを $-\infty$ から $+\infty$ まで積分すると 0 となり，(9.22) は境界条件 $\dfrac{\partial u}{\partial x}\bigg|_{x=0}=0$ を満足する．したがって，(9.22) が求める解である．

$\varphi(x)$ が偶関数であるから (9.22) を変形すると次のようになる：

$$u(x,t) = \frac{1}{2\sqrt{\pi\kappa t}} \int_{-\infty}^{0} \varphi(\xi) \exp\left\{-\frac{(x-\xi)^2}{4\kappa t}\right\} d\xi$$

$$+ \frac{1}{2\sqrt{\pi\kappa t}} \int_{0}^{\infty} \varphi(\xi) \exp\left\{-\frac{(x-\xi)^2}{4\kappa t}\right\} d\xi$$

$$= \frac{1}{2\sqrt{\pi\kappa t}} \int_{0}^{\infty} \varphi(\xi) \exp\left\{-\frac{(x+\xi)^2}{4\kappa t}\right\} d\xi$$

$$+ \frac{1}{2\sqrt{\pi\kappa t}} \int_{0}^{\infty} \varphi(\xi) \exp\left\{-\frac{(x-\xi)^2}{4\kappa t}\right\} d\xi.$$

ただし，右辺後半の第1項の積分の ξ は $-\xi$ で置き換えた．よって，

$(9.22)_0$

$$u(x,t) = \frac{1}{2\sqrt{\pi\kappa t}} \int_{0}^{\infty} \varphi(\xi) \left[\exp\left\{-\frac{(x-\xi)^2}{4\kappa t}\right\} + \exp\left\{-\frac{(x+\xi)^2}{4\kappa t}\right\} \right] d\xi.$$

（**2**）　左端 $x=0$ が一定温度 $\bar{u}_0$ にさらされている場合：

この場合，$h_0 = \infty$ だから (9.20) より境界条件は次の形となる：

(9.23) $\qquad\qquad\qquad u|_{x=0} = \bar{u}_0.$

ここで，

$$w(x,t) = u(x,t) - \bar{u}_0, \qquad \varphi_1(x) = \varphi(x) - \bar{u}_0 \quad (x>0)$$

とおいて斉次形の境界条件 $w|_{x=0} = 0$ に直し，$\varphi_1(x)$ を負の半軸 $x<0$ 上に $\varphi_1(-x) = -\varphi_1(x)$ と奇関数接続する．このとき，(9.14) より

(9.24) $\qquad w(x,t) = \dfrac{1}{2\sqrt{\pi\kappa t}} \int_{-\infty}^{\infty} \varphi_1(\xi) \exp\left\{-\dfrac{(x-\xi)^2}{4\kappa t}\right\} d\xi$

は，次を満足している：

$$\begin{cases} 熱伝導方程式 \quad w_t = \kappa\, w_{xx}, \\ 初期条件 \quad w|_{t=0} = \varphi_1(x)\ (x>0) \quad と \quad 境界条件 \quad w|_{x=0} = 0. \end{cases}$$

境界条件は，$\varphi_1(\xi)$ が奇関数であるから，次式を得る：

$$w|_{x=0} = \frac{1}{2\sqrt{\pi\kappa t}} \int_{-\infty}^{\infty} \varphi_1(\xi) \exp\left\{-\frac{\xi^2}{4\kappa t}\right\} d\xi = 0.$$

よって，$u(x,t) = \bar{u}_0 + w(x,t)$, $\varphi_1(x) = \varphi(x) - \bar{u}_0$ より u に戻すと

$$u(x,t) = \bar{u}_0 + \frac{1}{2\sqrt{\pi\kappa t}} \int_{-\infty}^{0} \varphi_1(\xi) \exp\left\{-\frac{(x-\xi)^2}{4\kappa t}\right\} d\xi$$

$$+ \frac{1}{2\sqrt{\pi\kappa t}} \int_{0}^{\infty} \varphi_1(\xi) \exp\left\{-\frac{(x-\xi)^2}{4\kappa t}\right\} d\xi$$

$$= \bar{u}_0 + \frac{1}{2\sqrt{\pi\kappa t}} \int_{0}^{\infty} \varphi_1(\xi) \left[\exp\left\{-\frac{(x-\xi)^2}{4\kappa t}\right\}\right.$$

$$\left. - \exp\left\{-\frac{(x+\xi)^2}{4\kappa t}\right\}\right] d\xi$$

$$= \bar{u}_0 - \bar{u}_0 \frac{1}{2\sqrt{\pi\kappa t}} \int_{0}^{\infty} \left[\exp\left\{-\frac{(x-\xi)^2}{4\kappa t}\right\} - \exp\left\{-\frac{(x+\xi)^2}{4\kappa t}\right\}\right] d\xi$$

$$+ \frac{1}{2\sqrt{\pi\kappa t}} \int_{0}^{\infty} \varphi(\xi) \left[\exp\left\{-\frac{(x-\xi)^2}{4\kappa t}\right\} - \exp\left\{-\frac{(x+\xi)^2}{4\kappa t}\right\}\right] d\xi$$

となる．この式をさらに変形するために特殊関数 (9.19) を使う．そこで $\mu = \frac{x-\xi}{2\sqrt{\kappa t}}$ とおくと，

$$\frac{1}{2\sqrt{\pi\kappa t}} \int_{0}^{\infty} \exp\left\{-\frac{(x-\xi)^2}{4\kappa t}\right\} d\xi$$

$$= \frac{1}{\sqrt{\pi}} \int_{-\infty}^{\frac{x}{2\sqrt{\kappa t}}} e^{-\mu^2} d\mu \qquad \left(\text{ここで，} d\mu = \frac{-d\xi}{2\sqrt{\kappa t}}\right)$$

$$= \frac{1}{\sqrt{\pi}} \left[\int_{-\infty}^{0} e^{-\mu^2} d\mu + \int_{0}^{\frac{x}{2\sqrt{\kappa t}}} e^{-\mu^2} d\mu\right] = \frac{1}{2} + \frac{1}{2} \Phi\left(\frac{x}{2\sqrt{\kappa t}}\right).$$

同様に，$\mu = \frac{x+\xi}{2\sqrt{\kappa t}}$ とおくと次のように変形できる：

$$\frac{1}{2\sqrt{\pi\kappa t}} \int_{0}^{\infty} \exp\left\{-\frac{(x+\xi)^2}{4\kappa t}\right\} d\xi = \frac{1}{\sqrt{\pi}} \int_{\frac{x}{2\sqrt{\kappa t}}}^{\infty} e^{-\mu^2} d\mu = \frac{1}{2} - \frac{1}{2} \Phi\left(\frac{x}{2\sqrt{\kappa t}}\right).$$

以上より，境界条件 (9.23) の場合の解は次のようになる：

(9.25) $$u(x,t) = \bar{u}_0 \left\{1 - \Phi\left(\frac{x}{2\sqrt{\kappa t}}\right)\right\}$$

$$+ \frac{1}{2\sqrt{\pi\kappa t}} \int_{0}^{\infty} \varphi(\xi) \left[\exp\left\{-\frac{(x-\xi)^2}{4\kappa t}\right\} - \exp\left\{-\frac{(x+\xi)^2}{4\kappa t}\right\}\right] d\xi.$$

一般的な境界条件 (9.20) のもとでの解法は難しく，別な手法を必要とするので，本書ではこれ以上深入りしない．

例題 9.2 半無限な棒の左端 $x=0$ が棒の表面と同様に断熱されており，初期温度分布が次式で与えられたときの温度分布関数 $u(x,t)$ を求めよ．

$$u|_{t=0} = \varphi(x) = \begin{cases} 0 & (0 < x < x_1) \\ u_0 & (x_1 < x < x_2) \\ 0 & (x_2 < x) \end{cases} \quad (u_0 : 定数)$$

[解] 左端が断熱の場合であるから，(9.20)において $h_0 = 0$ であり，(9.22)$_0$ より

$$u(x,t) = \frac{u_0}{2\sqrt{\pi\kappa t}} \int_{x_1}^{x_2} \left[\exp\left\{ -\frac{(x-\xi)^2}{4\kappa t} \right\} + \exp\left\{ -\frac{(x+\xi)^2}{4\kappa t} \right\} \right] d\xi.$$

右辺第1項で $\mu = \dfrac{x-\xi}{2\sqrt{\kappa t}}$，右辺第2項で $\mu = \dfrac{x+\xi}{2\sqrt{\kappa t}}$ とおき，確率積分 $\Phi(z)$ を使うと，上式は次のように変形される：

$$u(x,t) = \frac{u_0}{\sqrt{\pi}} \left\{ \int_{\frac{x-x_2}{2\sqrt{\kappa t}}}^{\frac{x-x_1}{2\sqrt{\kappa t}}} e^{-\mu^2} d\mu + \int_{\frac{x+x_1}{2\sqrt{\kappa t}}}^{\frac{x+x_2}{2\sqrt{\kappa t}}} e^{-\mu^2} d\mu \right\}$$

$$= \frac{u_0}{2} \left\{ \Phi\left(\frac{x-x_1}{2\sqrt{\kappa t}}\right) - \Phi\left(\frac{x-x_2}{2\sqrt{\kappa t}}\right) + \Phi\left(\frac{x+x_2}{2\sqrt{\kappa t}}\right) - \Phi\left(\frac{x+x_1}{2\sqrt{\kappa t}}\right) \right\}. \quad \diamondsuit$$

《参考》 上の例題で，$x_1 = 0$，$x_2 = l$ とおけば，与えられた条件を満たす解は

$$u(x,t) = \frac{u_0}{2} \left\{ \Phi\left(\frac{x+l}{2\sqrt{\kappa t}}\right) - \Phi\left(\frac{x-l}{2\sqrt{\kappa t}}\right) \right\}.$$

t を固定し，u を x の関数としてグラフをかくと下の図のようになる．外界との熱交換がないから，グラフの下側の面積(陰影部分)はいずれも $u_0 l$ に等しい．

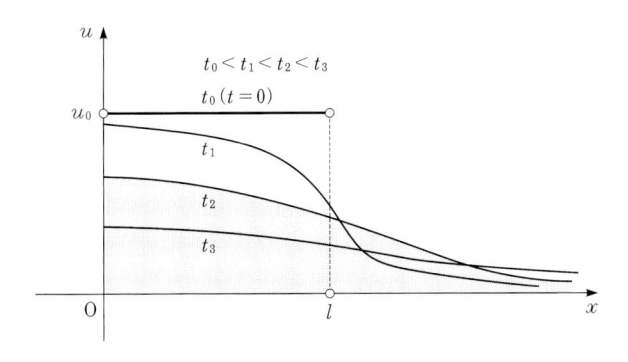

《参考》 定数係数の線形偏微分演算子を L とし，ディラックのデルタ関数 $\delta(x)$ （p.106 §11 末を参照）に対して，
$$L(E(x)) = \delta(x)$$
を満たす超関数 $E(x)$ を L の１つの**基本解**と呼ぶ．基本解は基本的グリーン関数（p.103 §11 を参照）または主要解とも呼ばれる．任意の定数係数線形偏微分演算子は必ず基本解をもつことが知られている．さらに，L の１つの基本解に斉次偏微分方程式 $Lu = 0$ の任意の解 u を加えたものも L の基本解である．非斉次項のある線形偏微分方程式を解く際に，この基本解が重要になることを，グリーン関数法とデルタ関数（102 ページ）の項で述べる．

練 習 問 題 9

1. $\quad U(x-\xi, t) = \dfrac{1}{2\sqrt{\pi\kappa t}} \exp\left\{-\dfrac{(x-\xi)^2}{4\kappa t}\right\} \qquad (\xi, \kappa：定数)$

が熱伝導方程式 $U_t = \kappa U_{xx}$ を満足することを示せ．

2. 無限長の棒における熱伝導方程式の基本解 $U(x-x_0, t)$ （式 (9.15) ）のグラフと x -軸で囲まれた面積を計算し，$t=0$ で棒に与えられた熱エネルギーの量は時間が経っても変わらないことを示せ．

3. 例題 9.1 で得た温度分布関数 $u(x, t)$ が $x=0$ において時間とともにどのように降下するかを示せ．

4. 温度 $v(x, t)$ の棒の表面から温度 0 の周囲へ，v に比例する熱放射があるときの熱伝導方程式
$$v_t = \kappa v_{xx} - av \qquad (\kappa：定数, \ a：正定数)$$
に変換 $v(x, t) = u(x, t) e^{-at}$ を行って，u についての方程式を導け．

5. 関数 $u(x, t) = \sum\limits_{n=1}^{\infty} T_n(t) \sin\left(\dfrac{n\pi x}{l}\right)$ が偏微分方程式 $u_t = \kappa u_{xx}$ （κ：定数）を満たしていれば，
$$T_n{}'(t) + \kappa\left(\dfrac{n\pi}{l}\right)^2 T_n(t) = 0$$
が導かれることを示せ．

§ 10. ラプラス方程式

　すでに学んだ波動方程式や熱伝導〔拡散〕方程式には時間で未知関数を偏微分した項が含まれていたが，ここで述べるラプラス方程式にはそのような項は含まれず，未知関数を生みだす源（非斉次項）も含まれていない．

　波動方程式や熱伝導〔拡散〕方程式で記述される現象は，外からエネルギーまたは力を与えない孤立系（閉鎖系）であれば，内部摩擦などにより，最後には時間的に変化のない**定常状態**に近づく．よって，エネルギー源となる非斉次項がない場合，時間に関する偏微分をゼロ（$\partial/\partial t = 0$）とおくと，波動方程式も熱伝導〔拡散〕方程式も定常状態を記述するラプラス方程式となる．1次元，2次元および3次元のラプラス方程式は直角座標系で

(10.1) $\quad\quad\quad \Delta_1 u(x) = \dfrac{\partial^2 u}{\partial x^2} = \dfrac{d^2 u}{dx^2} = 0$

(10.2) $\quad\quad\quad \Delta_2 u(x, y) = \dfrac{\partial^2 u}{\partial x^2} + \dfrac{\partial^2 u}{\partial y^2} = 0$

(10.3) $\quad\quad\quad \Delta_3 u(x, y, z) = \dfrac{\partial^2 u}{\partial x^2} + \dfrac{\partial^2 u}{\partial y^2} + \dfrac{\partial^2 u}{\partial z^2} = 0$

と表される．1次元は簡単な常微分方程式であるので，2次元，3次元のラプラス方程式について説明していく．ラプラス方程式には時間的変化はなく，空間的変化だけを考察の対象としているので，初期条件はなく，境界条件だけが与えられるため**境界値問題**と呼ばれている．境界における関数値が指定された境界値問題を特に**ディリクレ問題**，境界上で導関数が指定された境界値問題を特に**ノイマン問題**と呼ぶことがある．質量や電荷などが存在しない空間に分布しているポテンシャル（場）などがラプラス方程式を満足しているので，ラプラス方程式は**ポテンシャル方程式**とも呼ばれる．

　有界領域 D（周囲を含まない）におけるラプラス方程式の解を**調和関数**または**ポテンシャル関数**という．領域 D のすべての点で，2階までの連続な導関数をもつラプラス方程式の解は，その領域 D で**正則**であるという．

2次元直交座標系でのラプラス方程式の解法

長方形内のポテンシャル $u(x, y)$ が図のような境界条件を満足するディリクレ問題を考えよう．

(10.2) $\quad u_{xx} + u_{yy} = 0$
$\qquad\qquad (\ 0 < x < a, \ 0 < y < b \ ),$

(10.4)
$$\begin{cases} x = 0 \ \ \text{で} \ \ u(0, y) = \varphi(y) \\ x = a \ \ \text{で} \ \ u(a, y) = 0 \\ y = 0, b \ \ \text{で} \ \ u(x, 0) = u(x, b) = 0 \end{cases}.$$

この問題の変数分離解は，次のように表示されることが知られている：
(10.5)
$$u(x, y) = \frac{2}{b} \sum_{n=1}^{\infty} \left\{ \int_0^b \varphi(\xi) \sin \frac{n\pi}{b} \xi \, d\xi \right\} \frac{\sinh \dfrac{n\pi}{b}(a - x)}{\sinh \dfrac{n\pi}{b} a} \sin \frac{n\pi}{b} y.$$

これを確かめるため，解を $u(x, y) = X(x) Y(y)$ と仮定し，(10.2) に代入して整理すると

$$-\frac{X''}{X} = \frac{Y''}{Y} = k \qquad (\, k : 分離定数 \,)$$

を得る．これより，次の2つの常微分方程式となる：
(10.6) $\qquad\qquad X''(x) + k X(x) = 0,$
(10.7) $\qquad\qquad Y''(y) - k Y(y) = 0.$

(10.7) の解は k の値によって3つの場合に分けられる．

1） $k > 0$ の場合：(10.7) の解は
$$Y(y) = C \, e^{\sqrt{k} y} + D \, e^{-\sqrt{k} y} \qquad (\, C, D : 任意定数 \,)$$
となり，これに境界条件 (10.4) を考えると解は次のようになる：
$$u(x, 0) = X(x)(C + D) = 0,$$
$$u(x, b) = X(x)(C \, e^{\sqrt{k} b} + D \, e^{-\sqrt{k} b}) = 0.$$
これらより，$C = D = 0$ となってこの解は不適当である．

§10. ラプラス方程式

2) $k=0$ の場合： (10.7) の解は
$$Y(y) = Cy + D \qquad (C, D: 任意定数)$$
となるが，境界条件より $C=D=0$ となり，この場合も不適当である．

3) $k<0$ の場合： $k=-\beta^2 < 0$ とおくと, (10.6), (10.7) の解は

(10.8) $\qquad X(x) = A e^{\beta x} + B e^{-\beta x} \qquad (A, B: 任意定数),$

(10.9) $\qquad Y(y) = C \cos \beta y + D \sin \beta y \qquad (C, D: 任意定数)$

となる．まず，$u(x, 0) = X(x) \cdot C = 0$ より $C=0$．次に，$u(x, b) = 0$ より $u(x, b) = X(x) \cdot D \sin \beta b = 0$．$D \neq 0$ と考えてよいから $\sin \beta b = 0$ となる．これより，

(10.10) $\qquad \beta = \beta_n = \dfrac{n\pi}{b} \qquad (n = 1, 2, \cdots).$

さらに，$u(a, y) = (A e^{\beta a} + B e^{-\beta a}) Y(y) = 0$ より，$B = -A e^{2\beta a}$．よって
$$X(x) = A e^{\beta x} - A e^{2\beta a} \cdot e^{-\beta x} = A'(e^{\beta(x-a)} - e^{-\beta(x-a)})$$
$$= A_0 \sinh \beta(a-x) \qquad (A' = A e^{\beta a} = -A_0/2).$$

以上より，$\beta_n = n\pi/b$ に対する解 $u_n(x, y)$ は次のように表示できる：
$$u_n(x, y) = A_n \sinh \beta_n(a-x) \sin \beta_n y \qquad (A_n: 任意定数).$$

よって，重ね合わせの原理により，求める解 $u(x, y)$ は

(10.11) $\qquad u(x, y) = \sum\limits_{n=1}^{\infty} u_n(x, y) = \sum\limits_{n=1}^{\infty} A_n \sinh \dfrac{n\pi}{b}(a-x) \sin \dfrac{n\pi}{b} y.$

ここで，任意定数 A_n は $x=0$ での境界条件より次のようにきめられる：
$$u(0, y) = \sum_{n=1}^{\infty} A_n \sinh \dfrac{n\pi}{b} a \sin \dfrac{n\pi}{b} y$$
$$= \varphi(y) = \sum_{n=1}^{\infty} \left(\dfrac{2}{b} \int_0^b \varphi(\xi) \sin \dfrac{n\pi}{b} \xi \, d\xi \right) \sin \dfrac{n\pi}{b} y$$
$$(\varphi(y) \text{ のフーリエ正弦級数})$$
$$\therefore \quad A_n \sinh \dfrac{n\pi}{b} a = \dfrac{2}{b} \int_0^b \varphi(\xi) \sin \dfrac{n\pi}{b} \xi \, d\xi.$$

(10.12) $\qquad A_n = \dfrac{2}{b \sinh(n\pi a/b)} \int_0^b \varphi(\xi) \sin \dfrac{n\pi}{b} \xi \, d\xi.$

これを (10.11) の A_n に代入すると (10.5) を得る．

極座標，円柱座標，球座標でのラプラス方程式

2次元直角座標系で独立変数が (x, y) の場合を考えたが，問題とする領域が円板（2次元）や円柱・球（3次元）形の場合も多い．そのようなとき，問題とする領域の形に合った座標系を用いると解析するのに便利である．ただし，定常状態を考えているため境界条件とは別に，角度変数についての周期性に伴う連続条件などが加わる．例えば，$f|_{\theta=0} = f|_{\theta=2\pi}$ のように．

2次元の極座標 極座標 (ρ, θ) ($\rho \geq 0$, $0 \leq \theta \leq 2\pi$) の場合は
$$x = \rho \cos\theta, \quad y = \rho \sin\theta \qquad \left(\rho^2 = x^2 + y^2,\ \tan\theta = \frac{y}{x}\right)$$
によって，$u(\rho, \theta)$ に対する極座標表示のラプラス方程式は次式となる：

$$(10.13) \qquad \Delta_2 u = \frac{\partial^2 u}{\partial \rho^2} + \frac{1}{\rho}\frac{\partial u}{\partial \rho} + \frac{1}{\rho^2}\frac{\partial^2 u}{\partial \theta^2} = 0.$$

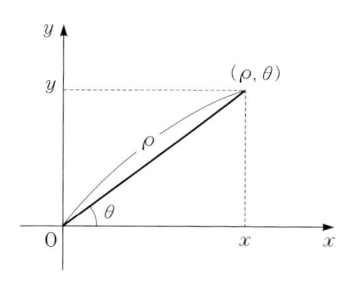

［証明］ まず，
$$\frac{\partial u}{\partial \rho} = \frac{\partial u}{\partial x}\frac{\partial x}{\partial \rho} + \frac{\partial u}{\partial y}\frac{\partial y}{\partial \rho}$$
$$= \frac{\partial u}{\partial x}\cos\theta + \frac{\partial u}{\partial y}\sin\theta.$$
同様に，
$$\frac{\partial u}{\partial \theta} = -\frac{\partial u}{\partial x}\rho\sin\theta + \frac{\partial u}{\partial y}\rho\cos\theta.$$
この2式を連立させて，$\dfrac{\partial u}{\partial x}$, $\dfrac{\partial u}{\partial y}$ について解くと次を得る：
$$\frac{\partial u}{\partial x} = \cos\theta\,\frac{\partial u}{\partial \rho} - \frac{\sin\theta}{\rho}\frac{\partial u}{\partial \theta} = \left(\cos\theta\,\frac{\partial}{\partial \rho} - \frac{\sin\theta}{\rho}\frac{\partial}{\partial \theta}\right)u,$$
$$\frac{\partial u}{\partial y} = \sin\theta\,\frac{\partial u}{\partial \rho} + \frac{\cos\theta}{\rho}\frac{\partial u}{\partial \theta} = \left(\sin\theta\,\frac{\partial}{\partial \rho} + \frac{\cos\theta}{\rho}\frac{\partial}{\partial \theta}\right)u.$$
これらについて，同じ演算を2回すると考えて，求める次の式を得る：
$$\frac{\partial^2 u}{\partial x^2} + \frac{\partial^2 u}{\partial y^2} = \left(\cos\theta\,\frac{\partial}{\partial \rho} - \frac{\sin\theta}{\rho}\frac{\partial}{\partial \theta}\right)^2 u + \left(\sin\theta\,\frac{\partial}{\partial \rho} + \frac{\cos\theta}{\rho}\frac{\partial}{\partial \theta}\right)^2 u$$
$$= \frac{\partial^2 u}{\partial \rho^2} + \frac{1}{\rho}\frac{\partial u}{\partial \rho} + \frac{1}{\rho^2}\frac{\partial^2 u}{\partial \theta^2}. \quad \diamond$$

3次元の円柱座標と球座標

2次元の極座標の場合と同様な方法で求めることができる．

円柱座標 (ρ, φ, z) の場合 (下の左図) は，座標変換

$$x = \rho \cos\varphi, \qquad y = \rho \sin\varphi, \qquad z = z$$

$$\left(\rho^2 = x^2 + y^2, \ \tan\varphi = \frac{y}{x} \right)$$

の関係から，

(10.14) $\quad \Delta_3 u = \dfrac{\partial^2 u}{\partial \rho^2} + \dfrac{1}{\rho}\dfrac{\partial u}{\partial \rho} + \dfrac{1}{\rho^2}\dfrac{\partial^2 u}{\partial \varphi^2} + \dfrac{\partial^2 u}{\partial z^2} = 0$

のように，$u(\rho, \varphi, z)$ に関するラプラス方程式を得る．

球座標 (r, θ, φ) の場合 (下の右図) は，座標変換

$$x = r\sin\theta\cos\varphi, \qquad y = r\sin\theta\sin\varphi, \qquad z = r\cos\theta$$

の関係から，

(10.15)

$$\Delta_3 u = \frac{\partial^2 u}{\partial r^2} + \frac{2}{r}\frac{\partial u}{\partial r} + \frac{1}{r^2}\frac{\partial^2 u}{\partial \theta^2} + \frac{\cot\theta}{r^2}\frac{\partial u}{\partial \theta} + \frac{1}{r^2\sin^2\theta}\frac{\partial^2 u}{\partial \varphi^2} = 0$$

のように，$u(r, \theta, \varphi)$ に関するラプラス方程式を得る．

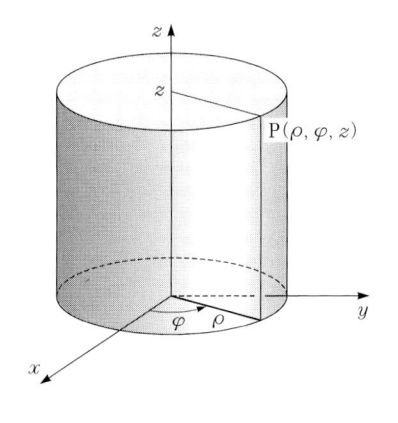

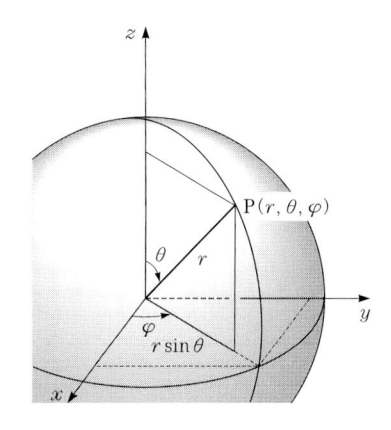

極座標系でのラプラス方程式の解法

(10.13) より $u(\rho, \theta)$ に関するラプラス方程式

(10.16) $\quad\dfrac{\partial^2 u}{\partial \rho^2} + \dfrac{1}{\rho}\dfrac{\partial u}{\partial \rho} + \dfrac{1}{\rho^2}\dfrac{\partial^2 u}{\partial \theta^2} = 0$

$$(\,0 < \rho < a,\ -\pi \leqq \theta \leqq \pi\,)$$

を

境界条件：$u(a, \theta) = f(\theta)$ （$-\pi \leqq \theta \leqq \pi$）

の下で解くと，次の解を得る：

(10.17) $\quad u(\rho, \theta) = \dfrac{1}{2\pi}\displaystyle\int_{-\pi}^{\pi} f(\xi)\dfrac{a^2 - \rho^2}{a^2 - 2a\rho\cos(\theta - \xi) + \rho^2}\,d\xi$.

ただし，この最後の積分は円に対する境界値問題の解で，**ポアソン積分公式**と呼ばれる．

［証明］ 変数分離解

$$u(\rho, \theta) = R(\rho)P(\theta)$$

を仮定し，(10.16) に代入すると，

$$R''P + \dfrac{1}{\rho}R'P + \dfrac{1}{\rho^2}RP'' = 0$$

$$\therefore\ \rho^2\left(\dfrac{R''}{R} + \dfrac{1}{\rho}\dfrac{R'}{R}\right) = -\dfrac{P''}{P}\ .$$

ここで，分離定数を k とおいて，次の 2 つの常微分方程式に分ける：

$$\rho^2 R'' + \rho R' - kR = 0,\qquad P'' + kP = 0\ .$$

1) $k = -\lambda^2\ (\lambda > 0)$ のとき：

$$P'' - \lambda^2 P = 0$$

$$\therefore\ P = d_1 e^{\lambda\theta} + d_2 e^{-\lambda\theta}\qquad (\,d_1, d_2\,：任意定数\,)$$

これは θ について周期 2π をもてないから不適当である．

2) $k = 0$ のとき：

$$\rho^2 R'' + \rho R' = 0,\qquad P'' = 0$$

$\therefore\ R = c_1 + c_2 \log\rho,\quad P = d_1 + d_2\theta\qquad (\,c_1, c_2, d_1, d_2\,：任意定数\,)$．

$u(\rho, \theta) = R(\rho)P(\theta)$ が $\rho = 0$ で連続かつ θ について周期 2π をもつと，$c_2 = d_2 = 0$．よって，$R = c_1,\ P = d_1$．これは境界条件に合わないから不適当である．

§10. ラプラス方程式

3) $k = \lambda^2$ ($\lambda > 0$) のとき: 次の 2 つの常微分方程式となる.
(10.18) $\quad\quad\quad\quad\quad\quad \rho^2 R'' + \rho R' - \lambda^2 R = 0,$
(10.19) $\quad\quad\quad\quad\quad\quad P'' + \lambda^2 P = 0.$

(10.19) より, 直ちに
$$P = d_1 \cos \lambda\theta + d_2 \sin \lambda\theta \quad\quad (d_1, d_2: 任意定数)$$
を得る. ここで θ について P が周期 2π の関数であることを用いると, $\lambda = n$ ($n = 1, 2, 3, \cdots$). よって, (10.18) は次式となる:

(10.18)$_0$ $\quad\quad\quad\quad\quad \rho^2 R'' + \rho R' - n^2 R = 0.$

この解を $R = \rho^\mu$ (μ: 未定定数) とみなして代入すると, $\mu = \pm n$ を得るから
$$R(\rho) = c_1 \rho^n + c_2 \rho^{-n} \quad\quad (c_1, c_2: 任意定数)$$
と表される. $\rho = 0$ で $R(\rho)$ が連続とすると $c_2 = 0$ となる. よって,
$$R(\rho) = c_1 \rho^n, \quad P(\theta) = d_1 \cos n\theta + d_2 \sin n\theta \quad\quad (n = 1, 2, 3, \cdots).$$
このとき, 解 $u(\rho, \theta)$ は次のように級数展開 (フーリエ級数展開) されるとする:
$$u(\rho, \theta) = \frac{1}{2} A_0 + \sum_{n=1}^{\infty} \rho^n (A_n \cos n\theta + B_n \sin n\theta).$$
これに境界条件を考えると
$$f(\theta) = \frac{1}{2} A_0 + \sum_{n=1}^{\infty} a^n (A_n \cos n\theta + B_n \sin n\theta)$$
となる. このフーリエ級数より, A_n (A_0 も形式上含め), B_n を求めると
$$a^n A_n = \frac{1}{\pi} \int_{-\pi}^{\pi} f(\xi) \cos n\xi \, d\xi \quad\quad (n = 0, 1, 2, \cdots),$$
$$a^n B_n = \frac{1}{\pi} \int_{-\pi}^{\pi} f(\xi) \sin n\xi \, d\xi \quad\quad (n = 1, 2, 3, \cdots).$$
これらを上の $u(\rho, \theta)$ の式に代入すると, 次の計算で解 (10.17) を得る:
$$u(\rho, \theta) = \frac{1}{2\pi} \int_{-\pi}^{\pi} f(\xi) \, d\xi$$
$$+ \frac{1}{\pi} \sum_{n=1}^{\infty} \left(\frac{\rho}{a}\right)^n \left\{ \cos n\theta \int_{-\pi}^{\pi} f(\xi) \cos n\xi \, d\xi + \sin n\theta \int_{-\pi}^{\pi} f(\xi) \sin n\xi \, d\xi \right\}$$
$$= \frac{1}{2\pi} \int_{-\pi}^{\pi} f(\xi) \left\{ 1 + 2 \sum_{n=1}^{\infty} \left(\frac{\rho}{a}\right)^n \cos n(\theta - \xi) \right\} d\xi$$
$$= \frac{1}{2\pi} \int_{-\pi}^{\pi} f(\xi) \frac{1 - (\rho/a)^2}{1 - 2(\rho/a) \cos(\theta - \xi) + (\rho/a)^2} \, d\xi = (10.17).$$
最後の変形にはオイラーの公式と無限等比級数の和の公式を使う. ◇

ラプラス方程式の基本解

2次元ラプラス方程式の基本解　(10.2) の1つの基本解は，原点から点 P(x,y) までの距離を $\rho = \sqrt{x^2+y^2}$ として次のように表される：

$$(10.20) \qquad u(\rho) = \frac{1}{2\pi} \log \frac{1}{\rho}.$$

これが，(10.2) の解になっていることは次のようにして示される．

$\rho \neq 0$ として，$\log(1/\rho)$ を x で偏微分すると，

$$\frac{\partial}{\partial x} \log \frac{1}{\rho} = -\frac{x}{\rho^2} \qquad \therefore \quad \frac{\partial^2}{\partial x^2} \log \frac{1}{\rho} = -\frac{1}{\rho^2} + \frac{2x^2}{\rho^4}.$$

y についても同様な形の式が得られるから，これらより次式を得る：

$$\left(\frac{\partial^2}{\partial x^2} + \frac{\partial^2}{\partial y^2} \right) \log \frac{1}{\rho} = -\frac{2}{\rho^2} + \frac{2(x^2+y^2)}{\rho^4} = 0.$$

3次元ラプラス方程式の基本解　変数分離を仮定しない (10.3) の1つの基本解は，原点から点 P(x,y,z) までの距離を $r = \sqrt{x^2+y^2+z^2}$ とすると次のように表される：

$$(10.21) \qquad u(r) = \frac{1}{4\pi r}.$$

これが (10.3) の解になっていることは次のように示される．

$r \neq 0$ として，$1/r$ を x で偏微分すると，

$$\frac{\partial}{\partial x} \frac{1}{r} = -\frac{x}{r^3} \qquad \therefore \quad \frac{\partial^2}{\partial x^2} \frac{1}{r} = -\frac{1}{r^3} + 3\frac{x^2}{r^5}.$$

y, z についても同様な形の式が得られるから，これらより次式を得る：

$$\left(\frac{\partial^2}{\partial x^2} + \frac{\partial^2}{\partial y^2} + \frac{\partial^2}{\partial z^2} \right) \frac{1}{r} = -\frac{3}{r^3} + \frac{3(x^2+y^2+z^2)}{r^5} = 0.$$

(10.20) や (10.21) は $\rho \neq 0$ および $r \neq 0$ の領域で何度でも微分可能であり，ラプラス方程式を満たすから調和関数である．ρ や r が 0 に近づくと，(10.20) と (10.21) は無限大となり，特異性をもち，δ 関数を使って表される．

§10. ラプラス方程式

基本解の物理的意味　質量 m_1 が定点 $P_1(x_1, y_1, z_1)$ にあって，この質点が点 $P(x, y, z)$ にある質量 m の質点に及ぼす力 $\boldsymbol{F}$ は，ニュートンの万有引力の法則によると次式で与えられる（$\boldsymbol{R} = \overrightarrow{P_1P}$ とする）：

$$(10.22) \quad \boldsymbol{F} = G\frac{mm_1}{R^2}\frac{\boldsymbol{R}}{R} \quad (R = \sqrt{(x-x_1)^2 + (y-y_1)^2 + (z-z_1)^2}).$$

ここで，G は万有引力定数で，反発の力を正，引きつける力を負とする．このとき，m_1 が m に及ぼす力 $\boldsymbol{F}$ の成分 F_x, F_y, F_z は図からわかるように次のように表される：

$$F_x = G\frac{mm_1}{R^2}\frac{x-x_1}{R},$$

$$F_y = G\frac{mm_1}{R^2}\frac{y-y_1}{R},$$

$$F_z = G\frac{mm_1}{R^2}\frac{z-z_1}{R}.$$

また，

$$\frac{\partial}{\partial x}\left(\frac{1}{R}\right) = -\frac{1}{R^2}\frac{\partial R}{\partial x} = -\frac{1}{R^2}\frac{x-x_1}{R}$$

の関係を使うと

$$F_x = -\frac{\partial}{\partial x}\left(\frac{Gmm_1}{R}\right), \quad F_y = -\frac{\partial}{\partial y}\left(\frac{Gmm_1}{R}\right), \quad F_z = -\frac{\partial}{\partial z}\left(\frac{Gmm_1}{R}\right)$$

とも書ける．ここで，

$$(10.23) \quad U(R) = G\frac{m_1}{R}$$

とおくと，この関数 $U(R)$ は3次元ラプラス方程式の基本解であり，

$$(10.24) \quad F_x = -m\frac{\partial U}{\partial x}, \quad F_y = -m\frac{\partial U}{\partial y}, \quad F_z = -m\frac{\partial U}{\partial z}$$

と書ける．このように，力の成分が同じ1つの関数 $U(R)$ を偏微分して得られるとき，この関数 $U(R)$ を**ポテンシャル関数**と呼ぶ．万有引力の場合は特に**重力ポテンシャル**と呼ばれる．

3次元ラプラス方程式の変数分離解

直交座標 3次元ラプラス方程式 (10.3) に対して，変数分離解を
$$u(x,y,z) = X(x)\,Y(y)\,Z(z)$$
と仮定し，(10.3) に代入すると

(10.25) $$\frac{X''}{X} + \frac{Y''}{Y} + \frac{Z''}{Z} = 0$$

を得る．各項別々に ある定数に等しくなり，それらの定数を適当な複素数 k_1, k_2, k_3 を使って，k_1^2, k_2^2, k_3^2 とおく（複素数とすることでそれらの和は 0 になる．実数のみでは駄目である）．よって，(10.25) は

(10.26) $$X'' = k_1^2 X, \quad Y'' = k_2^2 Y, \quad Z'' = k_3^2 Z.$$

ここで，$k_1^2 + k_2^2 + k_3^2 = 0$．これらの常微分方程式を解くと，それぞれ次の式のようになる：

$$X(x) = c_1 e^{k_1 x} + c_1' e^{-k_1 x},$$
$$Y(y) = c_2 e^{k_2 y} + c_2' e^{-k_2 y},$$
$$Z(z) = c_3 e^{k_3 z} + c_3' e^{-k_3 z}$$

($c_1, c_1', c_2, c_2', c_3, c_3'$：任意定数)．

よって，任意定数の項をはぶいた (10.3) の 1 つの解は次の形に書ける：

(10.27) $$u(x,y,z) = e^{\pm k_1 x \pm k_2 y \pm k_3 z}.$$

ラプラス方程式 (10.3) は線形微分方程式なので，より一般的な解は

(10.28) $$u(x,y,z) = \sum_{k_1,k_2,k_3} C_{k_1 k_2 k_3}\, e^{k_1 x + k_2 y + k_3 z}$$

($C_{k_1 k_2 k_3}$：任意定数)

と書ける．k_1, k_2, k_3 を形式的にベクトル $\boldsymbol{k}$ の成分とみなすと，次のように書ける：

(10.29) $$u(x,y,z) = \sum_{\boldsymbol{k}} C(\boldsymbol{k})\, e^{\boldsymbol{k}\cdot\boldsymbol{r}},$$

ここで，$\sum_{k_1,k_2,k_3}$ と $\sum_{\boldsymbol{k}}$ は $k_1^2 + k_2^2 + k_3^2 = 0$ を満たす複素数の組 $\boldsymbol{k} = (k_1, k_2, k_3)$ をすべてとり，$\boldsymbol{r} = (x,y,z)$ である．

円柱座標　$u(\rho, \varphi, z)$ に関するラプラス方程式は，(10.14) より

(10.30)　　$\dfrac{\partial^2 u}{\partial \rho^2} + \dfrac{1}{\rho}\dfrac{\partial u}{\partial \rho} + \dfrac{1}{\rho^2}\dfrac{\partial^2 u}{\partial \varphi^2} + \dfrac{\partial^2 u}{\partial z^2} = 0$ ．

変数分離解を

$$u(\rho, \varphi, z) = R(\rho)\,\varPhi(\varphi)\,Z(z)$$

と仮定し，上式に代入すると

(10.31)　　$\rho^2 \left\{ \dfrac{1}{R}\left(R'' + \dfrac{R'}{\rho}\right) + \dfrac{Z''}{Z} \right\} = -\dfrac{\varPhi''}{\varPhi}$

を得る．両辺が分離定数 m^2 に等しいとおくと，次の2つの常微分方程式を得る：

(10.32)　　$\varPhi'' = -m^2 \varPhi$ ，

(10.33)　　$\dfrac{1}{R}\left(R'' + \dfrac{R'}{\rho}\right) - \dfrac{m^2}{\rho^2} = -\dfrac{Z''}{Z}$ ．

(10.32) はすぐ解けて，一般解は次のようになる：

(10.34)

$$\varPhi(\varphi) = A \sin m\varphi + B \cos m\varphi \qquad (A, B：任意定数)．$$

(10.33) は変数分離形であるので，再び分離定数を $-\alpha^2$ とおくと，次の2つの常微分方程式

(10.35)　　$Z'' = \alpha^2 Z$ ，

(10.36)　　$R'' + \dfrac{R'}{\rho} + \left(\alpha^2 - \dfrac{m^2}{\rho^2}\right)R = 0$

を得る．

(10.35) の一般解は次のようになる：

(10.37)　　$Z(z) = C e^{\alpha z} + D e^{-\alpha z} \qquad (C, D：任意定数)．$

(10.36) は変数係数をもっており，$\alpha = 1$ とおくと，よく知られた**ベッセル微分方程式**である．パラメータ m は一般に任意の正の値をとることができる．与えられた m に対する (10.36) の解は m 次の**ベッセル関数**（または**円柱関数**）と呼ばれている．

球座標　$u(r, \theta, \varphi)$ に関するラプラス方程式として,(10.15) を変形した次式を利用しよう:

(10.38)　$\left[\dfrac{\partial}{\partial r}\left(r^2 \dfrac{\partial u}{\partial r} \right) + \dfrac{1}{\sin\theta}\dfrac{\partial}{\partial \theta}\left(\sin\theta \dfrac{\partial u}{\partial \theta} \right) + \dfrac{1}{\sin^2\theta}\dfrac{\partial^2 u}{\partial \varphi^2} \right] \dfrac{1}{r^2} = 0.$

変数分離解を
$$u(r, \theta, \varphi) = R(r)\Theta(\theta)\Phi(\varphi)$$
と仮定し,(10.38) に代入すると

(10.39)　$\dfrac{\sin^2\theta}{R}\dfrac{d}{dr}(r^2 R') + \dfrac{\sin\theta}{\Theta}\dfrac{d}{d\theta}(\Theta'\sin\theta) = -\dfrac{\Phi''}{\Phi}.$

両辺が分離定数 m^2 に等しいとおくと,次の2つの常微分方程式を得る:

(10.40)　$\Phi'' = -m^2 \Phi,$

(10.41)　$-\dfrac{1}{R}\dfrac{d}{dr}(r^2 R') = \dfrac{1}{\Theta\sin\theta}\dfrac{d}{d\theta}(\Theta'\sin\theta) - \dfrac{m^2}{\sin^2\theta}.$

(10.40) はすぐ解けて,次の一般解を得る:

(10.42)　$\Phi(\varphi) = A\sin m\varphi + B\cos m\varphi$　　　(A, B:任意定数).

(10.41) は変数分離形であるので,再び分離定数を $-n(n+1)$ とおくと,次の2つの常微分方程式

(10.43)　$\dfrac{1}{R}\dfrac{d}{dr}(r^2 R') = n(n+1),$

(10.44)　$\dfrac{1}{\Theta\sin\theta}\dfrac{d}{d\theta}(\Theta'\sin\theta) - \dfrac{m^2}{\sin^2\theta} = -n(n+1)$

を得る.(10.43) は次のオイラーの微分方程式に変形される:

(10.45)　$R'' + 2\dfrac{R'}{r} - n(n+1)\dfrac{R}{r^2} = 0.$

この微分方程式の解は $R = r^\lambda$ (λ:未定定数) の形をもつと仮定して代入すると
$$\lambda(\lambda-1) + 2\lambda - n(n+1) = (\lambda-n)(\lambda+n+1) = 0$$
となり,$\lambda = n, -(n+1)$ となるから,(10.45) は次の基本解をもつ:

(10.46)　$R_1(r) = r^n,$　　　$R_2(r) = r^{-n-1}.$

(10.44) は $\mu = \cos\theta$ とおき，$\Theta'(\theta) = -\sin\theta \dfrac{d\Theta}{d\mu}$ となることを用いて変数変換すると，

(10.47) $$\dfrac{d}{d\mu}\left\{(1-\mu^2)\dfrac{d\Theta}{d\mu}\right\} + \left\{n(n+1) - \dfrac{m^2}{1-\mu^2}\right\}\Theta = 0$$
$$(-1 \leq \mu \leq 1)$$

となり，ルジャンドル陪微分方程式を得る．この解は第1種，第2種ルジャンドル陪関数と呼ばれている．

練 習 問 題 10

1. 2次元ラプラス方程式 $u_{xx} + u_{yy} = 0$ を境界条件
$$u|_{x=0} = 0, \qquad \left.\dfrac{\partial u}{\partial x}\right|_{x=0} = \dfrac{1}{a}\sin ay \qquad (a：正定数)$$
のもとに，変数分離法によって解け．

2. $\qquad V_{xx} + V_{yy} = 0 \qquad (0 < x < a,\ 0 < y < b)$
を次の境界条件のもとに，変数分離法によって解け．
$x = 0$ で $V = 0$, $x = a$ で $V = f(y)$; $y = 0, b$ で $V = 0$

3. $\qquad V_{xx} + V_{yy} = 0 \qquad (0 < x < a,\ 0 < y < b)$
を次の境界条件のもとに，変数分離法によって解け．
$x = 0$ で $\dfrac{\partial V}{\partial x} = f(y)$, $x = a$ で $\dfrac{\partial V}{\partial x} = 0$; $y = 0, b$ で $V = 0$

4. 極座標のラプラス方程式 $\left[\dfrac{\partial^2}{\partial\rho^2} + \dfrac{1}{\rho}\dfrac{\partial}{\partial\rho} + \dfrac{1}{\rho^2}\dfrac{\partial^2}{\partial\theta^2}\right]u(\rho,\theta) = 0$
の1つの解は $u(\rho,\theta) = \rho^{\frac{\pi}{2\beta}}\cos\left(\dfrac{\pi\theta}{2\beta}\right)$ であることを示せ(β：定数)．

5. $\qquad u_{xx} + u_{yy} = 0 \qquad (0 < x < \infty,\ 0 < y < l)$
を次の境界条件のもとに，変数分離法によって解け．
$\begin{cases} u_y(x,0) = 0 \ (0 \leq x < \infty), \quad u_y(x,l) = -hu(x,l) \ (0 \leq x < \infty), \\ u(0,y) = f(y) \ (0 \leq y \leq l), \quad u(x,y) \text{ は有界} \end{cases}$

§ 11. ポアソン方程式

$u(x, y, z)$ に関する次の形の偏微分方程式を 3 次元**ポアソン方程式**と呼んでいる：

$$(11.1) \quad \frac{\partial^2 u}{\partial x^2} + \frac{\partial^2 u}{\partial y^2} + \frac{\partial^2 u}{\partial z^2} = -\rho(x, y, z).$$

ここで，ρ は単位時間当り単位体積からの湧き出し量である（ρ が正のとき湧き出しで，負のとき吸い込みである）．このように，ポアソン方程式は，ラプラス方程式の右辺が 0 でなく非斉次項がついている形であるが，物質の湧き出し量とそれに伴う場（ポテンシャル）を結ぶ重要な偏微分方程式である．非斉次線形偏微分方程式であるから，変数分離法とは違ったグリーン関数を使う**グリーン関数法（インパルス応答法）**という解法を学ぶ．

ポアソン方程式の導出と物理的意味

非圧縮性の液体が空間を満たしていて，1 点 O から単位時間に体積 Q の割合で同じ液体が湧き出しているとする．この湧き出し点を囲む閉曲面から単位時間当りに外へ流れ出て行く液体量は Q に等しくなければならない．図のように閉曲面上の微小面積 dS を通して流れ出て行く流量は，流速 V の単位法線ベクトル n 方向の成分を V_n とすれば，単位時間当り $V_n \, dS$ であるから，閉曲面全体については次式で表せる：

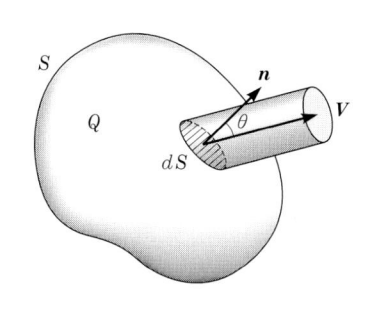

$$(11.2) \quad \iint V_n \, dS = Q \quad (V_n = \boldsymbol{V} \cdot \boldsymbol{n}).$$

一方，内部に湧き出しのない場合（たとえ，外部に湧き出し点があったとしても），閉曲面に流れ込んだ流量に相当する量だけ流れ出なければならな

いから，次の式が成り立つ：

(11.3) $$\iint V_n \, dS = 0.$$

もし空間中の点 O に単位時間当り Q の湧き出しのみがあるときには，流れは O を中心とした球対称となり，流速を $V(=|\boldsymbol{V}|)$ と表せるから，O からの距離を r とすると (11.2) は次式となる：

(11.4) $$4\pi r^2 V = Q \qquad \therefore \quad V = \frac{Q}{4\pi r^2}.$$

もし，湧き出し点が空間中に分布している場合，単位時間当り単位体積からの湧き出し量を ρ (空間座標に関する関数となっている) とすると，(11.2) は微小体積を dv とすると次式で表せる：

(11.5) $$\iint V_n \, dS = \iiint \rho \, dv.$$

図のように，(11.5) の関係を (x, y, z) 直交座標で，dx, dy, dz の長さの三稜をもつ直六面体に適用する．$x = 0$ における x-面 (x-軸に垂直な面) を通して流れ込む量は $V_x \varDelta y \varDelta z$．また，$x = \varDelta x$ における x-面から流れ出る量は

$$\left(V_x + \frac{\partial V_x}{\partial x}\varDelta x\right)\varDelta y \varDelta z$$

である ($\varDelta x$ の 2 乗以上を無視する) から，差引き $\dfrac{\partial V_x}{\partial x}\varDelta x \varDelta y \varDelta z$ である．

同様に，y-面，z-面についても考えてまとめると，

$$\left(\frac{\partial V_x}{\partial x} + \frac{\partial V_y}{\partial y} + \frac{\partial V_z}{\partial z}\right)\varDelta x \varDelta y \varDelta z = \rho \varDelta x \varDelta y \varDelta z,$$

すなわち，次のような関係式が成り立つ：

(11.6) $$\frac{\partial V_x}{\partial x} + \frac{\partial V_y}{\partial y} + \frac{\partial V_z}{\partial z} = \rho(x, y, z).$$

これは単位体積からの流体の湧き出し量を意味し，**ダイバージェンス (湧き出し)** と呼び，記号で div と書き，次のように表す：

$$\text{(11.7)} \quad \operatorname{div} \boldsymbol{V} = \frac{\partial V_x}{\partial x} + \frac{\partial V_y}{\partial y} + \frac{\partial V_z}{\partial z}, \qquad \boldsymbol{V} = (V_x, V_y, V_z).$$

(11.6) と (11.7) とを比べると，次式を得る：

$$\text{(11.8)} \quad \operatorname{div} \boldsymbol{V} = \rho.$$

この関係は非圧縮性流体のどこでも成立し，湧き出し密度 ρ が与えられたときの流速の速度場 $\boldsymbol{V}(x,y,z)$ を決定する．

さらに，**渦無しの流れ**では次の関係が成り立っている：

$$\text{(11.9)} \quad \frac{\partial V_z}{\partial y} - \frac{\partial V_y}{\partial z} = 0, \quad \frac{\partial V_x}{\partial z} - \frac{\partial V_z}{\partial x} = 0, \quad \frac{\partial V_y}{\partial x} - \frac{\partial V_x}{\partial y} = 0.$$

したがって，速度成分は 1 つのスカラー関数 $\phi(x,y,z)$ から次のように導かれる：

$$\text{(11.10)} \quad V_x = -\frac{\partial \phi}{\partial x}, \quad V_y = -\frac{\partial \phi}{\partial y}, \quad V_z = -\frac{\partial \phi}{\partial z}.$$

$\phi(x,y,z)$ を**速度ポテンシャル**という．この ϕ を使うと，(11.8) は

$$\text{(11.11)} \quad \Delta_3 \phi = \frac{\partial^2 \phi}{\partial x^2} + \frac{\partial^2 \phi}{\partial y^2} + \frac{\partial^2 \phi}{\partial z^2} = -\rho(x,y,z)$$

となり，3 次元ポアソン方程式が導かれる．

例えば，ρ が物質の密度分布 ρ_m であるとき，G を万有引力定数として，重力ポテンシャル $U(x,y,z)$ は次の式で与えられる：

$$\text{(11.12)} \quad \left(\frac{\partial^2}{\partial x^2} + \frac{\partial^2}{\partial y^2} + \frac{\partial^2}{\partial z^2}\right) U(x,y,z) = -4\pi G \rho_m(x,y,z).$$

また，ρ が電荷密度 ρ_e であるとき，ε_0 を真空の誘電率として，静電ポテンシャル $\varphi(x,y,z)$ は

$$\text{(11.13)} \quad \left(\frac{\partial^2}{\partial x^2} + \frac{\partial^2}{\partial y^2} + \frac{\partial^2}{\partial z^2}\right) \varphi(x,y,z) = -\frac{1}{\varepsilon_0} \rho_e(x,y,z)$$

で定まる．このように，単位体積からの湧き出し量，物質の密度分布，電荷密度が与えられると，ポアソン方程式を解くことにより，速度ポテンシャル，重力ポテンシャル，静電ポテンシャルが求められ，これらを偏微分することにより，定常的な速度場（(11.10) 式），重力場，静電場を得る．

§11. ポアソン方程式

例 11.1（球ポテンシャル関数） 半径 a の球の質量密度 ρ_m が中心からの距離 r のみの関数であるとき（3次元の空間で考えているが，r の1変数関数となることに注意），球座標での重力ポテンシャル $U(r)$ に関するポアソン方程式 (11.12) は，(10.38) より次式となる：

$$(11.14) \quad \Delta_3 U(r) = \frac{1}{r^2}\frac{\partial}{\partial r}\left(r^2 \frac{\partial U}{\partial r}\right) = \frac{1}{r}\frac{d^2(rU)}{dr^2} = -4\pi G \rho_m.$$

この式を1回積分し，積分定数を C_1 とすると次式を得る：

$$(11.15) \quad \frac{d(rU)}{dr} = -4\pi G \int \rho_m r \, dr + C_1.$$

球のある所から非常に遠い所（r が球の半径 a よりずっと大きい所では，球はその全質量 M の質点と考えてよい）では，$U(r) = G\dfrac{M}{r}$ となる．よって，rU は定数 GM となるから，$\left[\dfrac{d(rU)}{dr}\right]_{r=\infty} = 0$ を境界条件と考えてよい．

(11.15) の積分に上端と下端を入れて書くと次のようになる：

$$\frac{d(rU)}{dr} = -4\pi G \int_a^r r\rho_m \, dr + C_1.$$

ここで，a をきめれば C_1 は定まる．いま，$r \to \infty$ にすると，上で考えた境界条件を考慮して次式を得る：

$$-4\pi G \int_a^\infty r\rho_m \, dr + C_1 = 0.$$

これより C_1 を求め，(11.15) に代入すると次式を得る：

(11.16)
$$\frac{d(rU)}{dr} = -4\pi G \int_a^r r\rho_m \, dr + 4\pi G \int_a^\infty r\rho_m \, dr = 4\pi G \int_r^\infty r\rho_m \, dr.$$

これを積分し，積分定数を C_2 とすると次式となる：

$$(11.17) \quad rU = 4\pi G \int_\beta^r dr \int_r^\infty r\rho_m \, dr + C_2.$$

$\beta = 0$ とし，$(rU)_{r=0} = 0$ を境界条件とすると，$C_2 = 0$ となり，次式となる：

$$(11.18) \quad U(r) = \frac{4\pi G}{r}\int_0^r dr \int_r^\infty r\rho_m \, dr. \quad \diamond$$

グリーン関数法とデルタ関数

ポアソン方程式は右辺に外系からの作用を意味する非斉次項があるので，**グリーン関数（インパルス応答関数）**と呼ばれる関数を用いた解法が変数分離法より有効となる．ここではその方法を説明する．

対象とする物理系に ある作用を与え，その物理系にどのような変化が生じるかをできるだけ精密化するために，与える作用とそれに対する系の反応とをできるだけ細分化した作用として，ある点に瞬間的かつ局所的に働く単位外力について考えればよい．一般的な外力はこれらの単位外力の1次結合（重ね合せ）で得られるし，数学的にも単位外力は**デルタ関数**を使うと容易に扱える．作用を細分化するにともなって，それに対する物理系の反応もまた細分化して考える．

1） 2次元の場合： 点 (x, y) にある湧き出し $\rho(x, y)$ によって作られるポテンシャル $u(x, y)$ は，次の2次元ポアソン方程式を満たす：

$$(11.19) \qquad \Delta_2 u(x, y) = \left(\frac{\partial^2}{\partial x^2} + \frac{\partial^2}{\partial y^2} \right) u(x, y) = -\rho(x, y).$$

この湧き出し $\rho(x, y)$ の代りに，点 (ξ, η) にある単位湧き出しをデルタ関数（本節の《参考》を参照せよ）

$$\delta(x - \xi)\delta(y - \eta)$$

で与え，これによって作られるポテンシャルに境界条件を考慮した解を**グリーン関数** $G(x, y\,;\,\xi, \eta)$ と呼ぶ．すなわち，G は次式を満たすと考えられる：

$$(11.20) \qquad \left(\frac{\partial^2}{\partial x^2} + \frac{\partial^2}{\partial y^2} \right) G(x, y\,;\,\xi, \eta) = -\delta(x - \xi)\delta(y - \eta).$$

この $G(x, y\,;\,\xi, \eta)$ が求められれば，(11.19) を満たす解 $u(x, y)$ は考えている領域 D で，G と源泉 ρ の重ね合せによって次のように得られる：

$$(11.21) \qquad u(x, y) = \iint_D G(x, y\,;\,\xi, \eta)\rho(\xi, \eta)\,d\xi d\eta.$$

なぜなら，(11.21) を (11.19) の左辺に代入し，(11.20) を使うと

§11. ポアソン方程式

$$\left(\frac{\partial^2}{\partial x^2} + \frac{\partial^2}{\partial y^2}\right) \iint_D G(x, y\,;\,\xi, \eta) \rho(\xi, \eta)\, d\xi d\eta$$

$$= \iint_D \left(\frac{\partial^2}{\partial x^2} + \frac{\partial^2}{\partial y^2}\right) G(x, y\,;\,\xi, \eta) \rho(\xi, \eta)\, d\xi d\eta$$

$$= -\iint_D \delta(x-\xi)\delta(y-\eta) \rho(\xi, \eta)\, d\xi d\eta = -\rho(x, y)$$

となり，(11.19)を満たすことが証明されるからである．

このように，非斉次項としての<u>単位湧き出しをデルタ関数で与えて</u>グリーン関数を求め，これを使ってもとの非斉次線形偏微分方程式を解く方法を**グリーン関数法**という．境界条件を考慮しないで，単に(11.20)を満たす特殊解 G_0 をこのラプラス演算子の**基本的グリーン関数**と呼ぶ．一般的にグリーン関数 G は，(11.20)だけでなく，<u>境界上の点で0になる</u>という境界条件を満足していなければならない．

2) 3次元の場合： 具体的問題を用いて説明しよう．電荷分布が与えられた場合の静電ポテンシャルを求めるとき，r' 点に置かれた単位電荷が r 点での電場にどのような影響を及ぼすかを考える．この影響は2点 r', r の関数であるグリーン関数で表される．

無限に広がっている真空(または等質誘電体)の中に電荷分布 $\rho_e(r')$ が与えられているとき，ポアソン方程式(11.13)のグリーン関数を求め，考える点 r での静電ポテンシャル $\varphi(r)$ を決定しよう．原点にある単位点電荷 $\delta^3(r) = \delta(x)\delta(y)\delta(z)$ が作る静電ポテンシャルすなわちグリーン関数(無限遠点で0となる)が次式で求められるとする(求め方は後で説明する)：

(11.22) $\qquad \Delta_3 G(r) = -\delta^3(r).$

もし，このグリーン関数 $G(r)$ が求められたとすると，一般の電荷分布 $\rho_e(r')$ が与えられたとき，考える点 r での静電ポテンシャル $\varphi(r)$ は次式のように得られる(考えている空間の誘電率を ε とする)：

(11.23) $\qquad \varphi(r) = \dfrac{1}{\varepsilon} \iiint G(r-r') \rho_e(r')\, d^3 r'.$

このようにして，グリーン関数法で (11.13) の解を求めることができた．(11.23) が解になっていることは，デルタ関数と任意の有界な連続関数 $f(\boldsymbol{r})$ との積分公式

$$\text{(11.24)} \qquad \iiint_{-\infty}^{\infty} f(\boldsymbol{r}')\delta^3(\boldsymbol{r}-\boldsymbol{r}')\,d^3\boldsymbol{r}' = f(\boldsymbol{r})$$

を使うと，(11.23) は次のようにポアソン方程式を満たすことで示される：

$$\Delta_3\,\varphi(\boldsymbol{r}) = \frac{1}{\varepsilon}\iiint \Delta_3\,G(\boldsymbol{r}-\boldsymbol{r}')\rho_e(\boldsymbol{r}')\,d^3\boldsymbol{r}'$$
$$= -\frac{1}{\varepsilon}\iiint \delta^3(\boldsymbol{r}-\boldsymbol{r}')\rho_e(\boldsymbol{r}')\,d^3\boldsymbol{r}' = -\frac{1}{\varepsilon}\rho_e(\boldsymbol{r}).$$

(11.22) を解くことでグリーン関数を具体的に求めるために，$G(\boldsymbol{r})$ を

$$\text{(11.25)} \qquad G(\boldsymbol{r}) = \iiint_{-\infty}^{\infty} \widetilde{G}(\boldsymbol{k})\,e^{i\boldsymbol{k}\cdot\boldsymbol{r}}\,d^3\boldsymbol{k}$$

のようにフーリエ積分で書いておく．また，デルタ関数のフーリエ積分は

$$\text{(11.26)} \qquad \delta^3(\boldsymbol{r}) = \frac{1}{(2\pi)^3}\iiint_{-\infty}^{\infty} e^{i\boldsymbol{k}\cdot\boldsymbol{r}}\,d^3\boldsymbol{k}$$

となることが知られている．(11.25) と (11.26) を (11.22) に代入し，係数を比較すると

$$-\iiint_{-\infty}^{\infty} \widetilde{G}(\boldsymbol{k})|\boldsymbol{k}|^2\,e^{i\boldsymbol{k}\cdot\boldsymbol{r}}\,d^3\boldsymbol{k} = \frac{-1}{(2\pi)^3}\iiint_{-\infty}^{\infty} e^{i\boldsymbol{k}\cdot\boldsymbol{r}}\,d^3\boldsymbol{k}$$
$$\therefore\quad \widetilde{G}(\boldsymbol{k}) = \frac{1}{(2\pi)^3|\boldsymbol{k}|^2}.$$

この求められた $\widetilde{G}(\boldsymbol{k})$ を (11.25) に代入すると，$G(\boldsymbol{r})$ は次のように表される：

$$\text{(11.27)} \qquad G(\boldsymbol{r}) = \frac{1}{(2\pi)^3}\iiint \frac{1}{|\boldsymbol{k}|^2}\,e^{i\boldsymbol{k}\cdot\boldsymbol{r}}\,d^3\boldsymbol{k}.$$

$\boldsymbol{k}$ 空間でのこの積分を実行するために，球座標をとる．このとき，$\boldsymbol{r}$ と $\boldsymbol{k}$ とがなす角を θ，$r=|\boldsymbol{r}|$ とすると，(11.27) は次式となる：

$$\text{(11.28)} \qquad G(\boldsymbol{r}) = \frac{1}{(2\pi)^3}\int_0^\infty k^2\,dk \int_0^\pi \sin\theta\,\frac{e^{ikr\cos\theta}}{k^2}\,d\theta \int_0^{2\pi} d\varphi.$$

§11. ポアソン方程式

ここで，$\cos\theta = t$，$-\sin\theta\, d\theta = dt$ とおくと

$$G(\boldsymbol{r}) = \frac{2\pi}{(2\pi)^3} \int_0^\infty dk \int_{-1}^1 e^{ikrt}\, dt = \frac{1}{(2\pi)^2} \int_0^\infty \frac{2i\sin kr}{ikr} dk$$

$$= \frac{2}{(2\pi)^2} \frac{1}{r} \int_0^\infty \frac{\sin y}{y} dy.$$

ここで，$kr = y$ とおき，$r\, dk = dy$ を使った．$\int_0^\infty \frac{\sin y}{y} dy = \frac{\pi}{2}$ だから

(11.29) $$G(\boldsymbol{r}) = \frac{1}{4\pi} \frac{1}{|\boldsymbol{r}|}$$

とグリーン関数が具体的に得られる．これを使うと，3次元ポアソン方程式の特殊解は，(11.23) に (11.29) を代入して，次式のように得られる：

(11.30) $$\varphi(\boldsymbol{r}) = \frac{1}{4\pi\varepsilon} \iiint \frac{\rho_e(\boldsymbol{r}')}{|\boldsymbol{r}-\boldsymbol{r}'|} d^3\boldsymbol{r}'.$$

よって，電荷分布 $\rho_e(\boldsymbol{r}')$ が与えられたとき，(11.30) の空間積分を実行すれば静電ポテンシャル $\varphi(\boldsymbol{r})$ が求められる．$\varphi(\boldsymbol{r})$ が得られると，静電場 $\boldsymbol{E}(\boldsymbol{r})$ は

$$\boldsymbol{E}(\boldsymbol{r}) = -\operatorname{grad}\varphi(\boldsymbol{r}) = -\left(\frac{\partial\varphi}{\partial x}, \frac{\partial\varphi}{\partial y}, \frac{\partial\varphi}{\partial z}\right)$$

より，$\varphi(\boldsymbol{r})$ を偏微分することにより求められる．

例 11.2 電荷が原点 O のまわりに球対称に分布して，ρ_e が原点からの距離 ($r = |\boldsymbol{r}|$) のみの関数で，$\boldsymbol{r}$ と $\boldsymbol{r}'$ とのなす角を θ' とすると (11.30) は球座標を用いて次のように書かれる：

(11.31) $$\varphi(r) = \frac{1}{4\pi\varepsilon} \iiint \frac{\rho_e(r')}{\sqrt{r^2 + r'^2 - 2rr'\cos\theta'}} r'^2 \sin\theta'\, dr'\, d\theta'\, d\varphi'.$$

また，全電荷 q が半径 a の球内にのみあるとき，$q = 4\pi \int_0^a \rho_e(r') r'^2\, dr'$ だから，a（すなわち r'）に比べ r が十分に大きければ，(11.31) は

(11.32) $$\varphi(r) = \frac{q}{4\pi\varepsilon r} \qquad (r > a).$$

これは原点 O に点電荷 q があるときに作る静電ポテンシャルである． ◇

グリーン関数法は，非斉次項のあるポアソン方程式に有効であるだけでなく，時間微分の入った非斉次項のある波動方程式，熱伝導〔拡散〕方程式の解法としても拡張され，理論的にも実用的にも重要な技法である．

《参考》　**デルタ関数**(**δ関数**とも表す)　P. A. Dirac が量子力学の定式化のために導入した超関数である．彼はクロネッカーの δ 記号を連続変数に拡張して

$$\int_{-\infty}^{\infty} \delta(x)\,dx = 1, \qquad \delta(x) = 0 \quad (x \neq 0)$$

という性質をもつ量 $\delta(x)$ を導入し，これを **δ関数** と呼んだ．

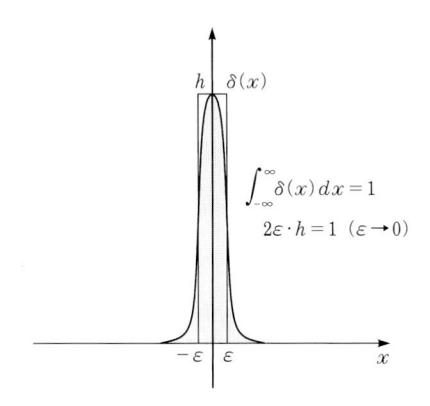

$$h \quad \delta(x)$$
$$\int_{-\infty}^{\infty} \delta(x)\,dx = 1$$
$$2\varepsilon \cdot h = 1 \; (\varepsilon \to 0)$$
$$-\varepsilon \mid \varepsilon \qquad x$$

　数学的に厳密な意味では，このような関数は単独では存在しない．しかし，直観的に理解しやすいことと，

$$\int_{-\infty}^{\infty} f(x)\,\delta(x - \xi)\,dx = f(\xi)$$

などの便利な性質をもつので，色々な領域で利用されるようになった．
　関数の概念を拡張して「一般化関数」すなわち超関数を導入することにより，δ 関数は数学的に厳密に基礎づけられている．

練習問題 11

1. プラズマ中の陽イオン（プロトン）に原点をとると，その近くの静電ポテンシャル $V(r)$ はデバイ距離 λ_D を使うと，次のポアソン方程式

$$\Delta V(r) = \frac{1}{\lambda_D{}^2} V(r)$$

で表される．これを球座標で解け．ただし，$(rV)_{r=\infty} = 0$, $(rV)_{r=0} = \dfrac{q}{4\pi\varepsilon_0}$ とする．

2. 両端が固定された長さ l の弦上の1点 $x = \xi$ に単位集中力が作用したときのグリーン関数 $G(x, \xi)$ を

$$\frac{d^2 G(x, \xi)}{dx^2} = -\delta(x - \xi)$$

より求めよ．

注：この $G(x, \xi)$ を使うと，$\dfrac{d^2 u}{dx^2} = -f(x)$ の解は $u(x) = \displaystyle\int_0^l f(\xi) G(x, \xi) d\xi$ と書かれる．

3. $\qquad V_{xx} + V_{yy} = -\rho(x, y) \qquad (0 < x < a, \; 0 < y < b)$

を次の境界条件のもとで変数分離法で解け．

$$x = 0, a \text{ で } V = 0;\quad y = 0 \text{ で } V = 0, \quad y = b \text{ で } \frac{\partial V}{\partial y} = 0$$

$\Bigg(V(x, y) = \displaystyle\sum_{m=1}^{\infty}\sum_{n=0}^{\infty} A_{mn} \sin\frac{m\pi}{a}x \sin\frac{(2n+1)\pi}{2b}y \quad$ と仮定し，

$\rho = \displaystyle\sum_{m=1}^{\infty}\sum_{n=0}^{\infty} B_{mn} \sin\frac{m\pi}{a}x \sin\frac{(2n+1)\pi}{2b}y \quad$ と展開される．$\Bigg)$

4. $\qquad V_{xx} + V_{yy} = -\rho(x, y) \qquad (0 < x < a, \; 0 < y < b)$

を，$V = V_1$（斉次解）$+ V_2$（非斉次解）とおいて，次の境界条件のもと，変数分離法で解け．

$x = 0$ で $V_1 = f(y)$, $\quad x = a, \; y = 0, b$ で $V_1 = 0$,

$x = 0, a, \; y = 0, b$ で $V_2 = 0$

§12. 連立偏微分方程式

　これまで，2つ以上の独立変数をもつ1つの未知関数について，1つの偏微分方程式の解法のみを扱ってきた．この場合，相互に作用する要素からなる複合体(システム)の問題は扱えなかった．1つ1つの要素が相互に関係しあって1つの有機的なまとまりを構成し，作動している系は，2つ以上の未知関数とそれらの導関数が相互に関係している1つのまとまりをなしている**連立偏微分方程式**で記述することが必要となる．

　連立偏微分方程式の解法は，連立常微分方程式の解法と基本的に似ている．連立偏微分方程式が解けるためには未知関数の数と(1次独立な)微分方程式の個数が等しいことが条件となる．まず，未知関数を1つずつ減らして，ただ1つの未知関数しか含まない1つの偏微分方程式に変形するのが基本方針であるが，かならずしもうまくいかない．そこで，行列の固有値と固有ベクトルの考えを使った工夫が必要となる．また，一般解が初期条件や境界条件を満たすような特殊解を求める作業も重要である．

　構成する各微分方程式がすべて線形であるとき，その連立偏微分方程式は**線形**であるという．また，連立偏微分方程式を構成する未知関数の数がn個の場合，**n元連立偏微分方程式**と呼ぶことにする．以下，線形連立偏微分方程式の主な解法を具体的例題で説明する．

1階2元連立偏微分方程式の例

　湧き出しの無い密度が一定な非圧縮流体の2次元の渦無し運動を考える．流速 $V = (u, v)$ が渦無しであるから速度ポテンシャル $\Phi(x, y)$ が存在し(§11参照)，これより速度成分 $u = \dfrac{\partial \Phi}{\partial x}$, $v = \dfrac{\partial \Phi}{\partial y}$ を得る．このとき

$$(12.1) \qquad \operatorname{div} V = \frac{\partial u}{\partial x} + \frac{\partial v}{\partial y} = 0$$

§12. 連立偏微分方程式

となる．ここで，等高線が流線（次のページで用語の説明をする）を与えるような流れの関数 $\Psi(x,y)$ を導入し，$\Psi(x,y)=$ 一定 は流線を表すと，そのこみぐあいで流量がわかり，速度成分は

(12.2) $$u=\frac{\partial \Psi}{\partial y}, \qquad v=-\frac{\partial \Psi}{\partial x}$$

と定義され，(12.1) は自動的に満足される．

さて，Φ, Ψ に関する1階2元連立偏微分方程式

(12.3) $$\begin{cases} u=\dfrac{\partial \Phi}{\partial x}=\dfrac{\partial \Psi}{\partial y}, \\ v=\dfrac{\partial \Phi}{\partial y}=-\dfrac{\partial \Psi}{\partial x} \end{cases}$$

は，**コーシー・リーマンの関係式**と呼ばれている．

次にこれを解いてみよう．(12.3) から，Ψ を消去すると Φ についてのラプラス方程式 $\Phi_{xx}+\Phi_{yy}=0$ となり，Φ を消去すると Ψ についてのラプラス方程式 $\Psi_{xx}+\Psi_{yy}=0$ となり，§10 で扱った場合と同じになるが，ここでは別の解法を考える．(12.3) の第2式に未定係数 λ を掛けて第1式に加えると次式となる：

$$u+\lambda v=\Big(\frac{\partial}{\partial x}+\lambda\frac{\partial}{\partial y}\Big)\Phi=-\lambda\Big(\frac{\partial}{\partial x}-\frac{1}{\lambda}\frac{\partial}{\partial y}\Big)\Psi.$$

ここで，$\lambda=-1/\lambda$（すなわち $\lambda=\pm i=\pm\sqrt{-1}$）と定めると，

$$\Big(\frac{\partial}{\partial x}+\lambda\frac{\partial}{\partial y}\Big)(\Phi+\lambda\Psi)=0 \qquad (\lambda=\pm i).$$

すなわち，

(12.4) $$\Big(\frac{\partial}{\partial x}+i\frac{\partial}{\partial y}\Big)(\Phi+i\Psi)=0, \quad \Big(\frac{\partial}{\partial x}-i\frac{\partial}{\partial y}\Big)(\Phi-i\Psi)=0$$

が得られる．ここで，x,y の代りに独立変数として複素数 $z=x+iy$ およびその複素共役な $\bar{z}=x-iy$ を使うと

$$\frac{\partial}{\partial x}=\frac{\partial z}{\partial x}\frac{\partial}{\partial z}+\frac{\partial \bar{z}}{\partial x}\frac{\partial}{\partial \bar{z}}=\frac{\partial}{\partial z}+\frac{\partial}{\partial \bar{z}},$$

$$\frac{\partial}{\partial y}=\frac{\partial z}{\partial y}\frac{\partial}{\partial z}+\frac{\partial \bar{z}}{\partial y}\frac{\partial}{\partial \bar{z}}=i\Big(\frac{\partial}{\partial z}-\frac{\partial}{\partial \bar{z}}\Big).$$

$$\therefore \quad \frac{\partial}{\partial x} + i\frac{\partial}{\partial y} = 2\frac{\partial}{\partial \bar{z}}, \quad \frac{\partial}{\partial x} - i\frac{\partial}{\partial y} = 2\frac{\partial}{\partial z}.$$

これらの結果を使うと，(12.4) は次のように変形される：

$$\frac{\partial}{\partial \bar{z}}(\Phi + i\Psi) = 0, \quad \frac{\partial}{\partial z}(\Phi - i\Psi) = 0.$$

これらを積分し，任意関数を $f(z), g(\bar{z})$ とすると，次式を得る：

$$\Phi + i\Psi = f(z), \quad \Phi - i\Psi = g(\bar{z}).$$

Φ, Ψ は実数であるから，上の第 1 式の複素共役 $\Phi - i\Psi = \overline{f(z)}$ と第 2 式を比較すると，

$$g(\bar{z}) = \overline{f(z)} \equiv \bar{f}(\bar{z})$$

が得られるから，

(12.5) $\qquad \Phi + i\Psi = f(z), \quad \Phi - i\Psi = \bar{f}(\bar{z}).$

これより，$\Phi(x,y)$，$\Psi(x,y)$ の一般解は次のように得られる：

(12.6) $\qquad \Phi = \dfrac{1}{2}\{f(z) + \bar{f}(\bar{z})\}, \quad \Psi = \dfrac{-i}{2}\{f(z) - \bar{f}(\bar{z})\}.$

ここで，任意関数 $f, \bar{f}$ は初期条件などによって定まる．

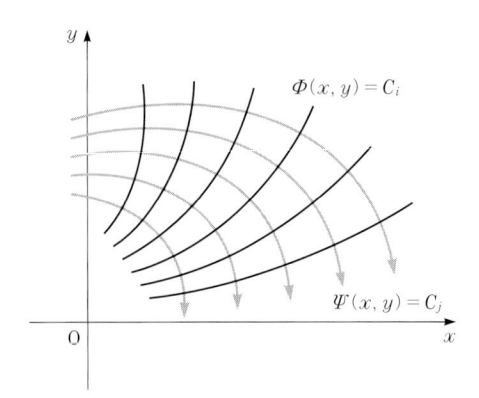

$\Phi(x,y) = C_i$，$\Psi(x,y) = C_j$（C_i, C_j：任意定数）で表される曲線族をそれぞれ**等ポテンシャル線**，**流線**と呼ぶ．実は，両曲線は図のように互いに直交していることが示される（任意の点 (x,y) での両曲線の接線の傾きを導き，掛けたものが -1 になることを確かめればよい）．

高階偏微分方程式から1階多元偏微分方程式への変形

常微分方程式では，1個の高階常微分方程式を1階多元連立常微分方程式に書き直して解くことを学んでいる．偏微分方程式でも，1つの高階偏微分方程式を**1階多元連立偏微分方程式**に書き直し，数値計算で解くことが多い．例えば，次の未知関数 $u(x,t)$ に関する定数係数の2階偏微分方程式

$$u_{tt} = u_{xx} - 2u_t + u$$

は，3つの変数 $u_1 = u$, $u_2 = u_x$, $u_3 = u_t$ を導入すると，次の1階3元の連立偏微分方程式に書き直せる：

$$(12.7) \quad \begin{cases} \dfrac{\partial u_1}{\partial x} = u_2, \\[2mm] \dfrac{\partial u_1}{\partial t} = u_3, \\[2mm] \dfrac{\partial u_3}{\partial t} = \dfrac{\partial u_2}{\partial x} - 2u_3 + u_1. \end{cases}$$

連立偏微分方程式の数値解法はいろいろ開発されているが，計算機のプログラムは1階 n 元偏微分方程式を解くように書かれているものが多い．高階偏微分方程式も1階多元連立偏微分方程式に書き直して解かれることが多いので，1階 n 元連立偏微分方程式の解法は大事である．

例題 12.1 次の1階2元連立偏微分方程式

$$\begin{cases} \dfrac{\partial u_1(x,t)}{\partial t} + 4\dfrac{\partial u_2(x,t)}{\partial x} = 0 & \cdots \text{①} \\[2mm] \dfrac{\partial u_2(x,t)}{\partial t} + \dfrac{\partial u_1(x,t)}{\partial x} = 0 & \cdots \text{②} \end{cases}$$

$$(-\infty < x < \infty,\ 0 < t < \infty)$$

を初期条件 $u_1(x,0) = g_1(x)$, $u_2(x,0) = g_2(x)$ のもとに解け．

［解］

$$\boldsymbol{u} = \begin{bmatrix} u_1 \\ u_2 \end{bmatrix},\ \boldsymbol{u}_t = \begin{bmatrix} \dfrac{\partial u_1}{\partial t} \\[2mm] \dfrac{\partial u_2}{\partial t} \end{bmatrix},\ \boldsymbol{u}_x = \begin{bmatrix} \dfrac{\partial u_1}{\partial x} \\[2mm] \dfrac{\partial u_2}{\partial x} \end{bmatrix},\ A = \begin{bmatrix} 0 & 4 \\ 1 & 0 \end{bmatrix},\ \boldsymbol{0} = \begin{bmatrix} 0 \\ 0 \end{bmatrix}$$

とおくと，①，② は次の行列式の形に書ける：
$$\boldsymbol{u}_t + A\boldsymbol{u}_x = \boldsymbol{0} \qquad \cdots ③$$
次に，新しい未知関数 $\boldsymbol{v} = \begin{bmatrix} v_1 \\ v_2 \end{bmatrix}$ を変換
$$\boldsymbol{u} = P\boldsymbol{v} \qquad \cdots ④$$
によって導入する．ここで，P は A の固有ベクトルを列ベクトルとする行列である．この行列 P を求めよう．行列 A の固有値 λ は，
$$\det \begin{bmatrix} 0-\lambda & 4 \\ 1 & 0-\lambda \end{bmatrix} = (-\lambda)^2 - 4 = \lambda^2 - 4 = 0$$
より，$\lambda = 2, -2$ である．

$\lambda = 2$ に対応する固有ベクトルは，$A\boldsymbol{x}_1 = 2\boldsymbol{x}_1$ によって定まるから，
$$\boldsymbol{x}_1 = \begin{bmatrix} a \\ b \end{bmatrix} \text{とおいて，} \quad \begin{bmatrix} 0 & 4 \\ 1 & 0 \end{bmatrix} \begin{bmatrix} a \\ b \end{bmatrix} = 2 \begin{bmatrix} a \\ b \end{bmatrix}.$$
これより，$a = 2b$ であるから，$b = 1$ とすると，$\boldsymbol{x}_1 = \begin{bmatrix} 2 \\ 1 \end{bmatrix}$ を得る．

$\lambda = -2$ に対応する固有ベクトルも同様にして，$\boldsymbol{x}_2 = \begin{bmatrix} -2 \\ 1 \end{bmatrix}$ を得る．

これらより，$P = [\ \boldsymbol{x}_1 \vdots \boldsymbol{x}_2\ ]$（$[\ \boldsymbol{x}_2 \vdots \boldsymbol{x}_1\ ]$ としてもよい）$= \begin{bmatrix} 2 & -2 \\ 1 & 1 \end{bmatrix}$ となる．

行列の変換 ④ を t と x で偏微分すると次式を得る：
$$\frac{\partial \boldsymbol{u}}{\partial t} = P \frac{\partial \boldsymbol{v}}{\partial t} \quad \cdots ⑤ \qquad \frac{\partial \boldsymbol{u}}{\partial x} = P \frac{\partial \boldsymbol{v}}{\partial x} \quad \cdots ⑥$$
この ⑤，⑥ を ③ に代入すると，
$$P\boldsymbol{v}_t + AP\boldsymbol{v}_x = \boldsymbol{0}.$$
この両辺に P の逆行列 P^{-1} を左から掛けると，
$$\boldsymbol{v}_t + P^{-1}AP\boldsymbol{v}_x = \boldsymbol{0} \qquad \cdots ⑦$$
ここで，対角行列は
$$\Lambda = P^{-1}AP$$
$$= \begin{bmatrix} 2 & -2 \\ 1 & 1 \end{bmatrix}^{-1} \begin{bmatrix} 0 & 4 \\ 1 & 0 \end{bmatrix} \begin{bmatrix} 2 & -2 \\ 1 & 1 \end{bmatrix} = \frac{1}{4} \begin{bmatrix} 1 & 2 \\ -1 & 2 \end{bmatrix} \begin{bmatrix} 4 & 4 \\ 2 & -2 \end{bmatrix} = \begin{bmatrix} 2 & 0 \\ 0 & -2 \end{bmatrix}.$$

§12. 連立偏微分方程式

よって，⑦ を成分ごとに書くと

$$\begin{bmatrix} v_{1t} \\ v_{2t} \end{bmatrix} + \begin{bmatrix} 2 & 0 \\ 0 & -2 \end{bmatrix} \begin{bmatrix} v_{1x} \\ v_{2x} \end{bmatrix} = \begin{bmatrix} 0 \\ 0 \end{bmatrix}$$

$$\therefore \begin{cases} \dfrac{\partial v_1}{\partial t} + 2\dfrac{\partial v_1}{\partial x} = 0 & \cdots ⑧ \\ \dfrac{\partial v_2}{\partial t} - 2\dfrac{\partial v_2}{\partial x} = 0 & \cdots ⑨ \end{cases}$$

⑧,⑨ は 2 つの互いに関係のない偏微分方程式で，それぞれ独立に解けて，1 変数の任意関数 ϕ, ψ を用いて，

$$v_1(x, t) = \phi(x - 2t), \qquad v_2(x, t) = \psi(x + 2t)$$

と表示できる．これより，一般解 u は，④ より次のように得る：

$$\begin{bmatrix} u_1 \\ u_2 \end{bmatrix} = \begin{bmatrix} 2 & -2 \\ 1 & 1 \end{bmatrix} \begin{bmatrix} v_1 \\ v_2 \end{bmatrix} = \begin{bmatrix} 2 & -2 \\ 1 & 1 \end{bmatrix} \begin{bmatrix} \phi(x - 2t) \\ \psi(x + 2t) \end{bmatrix}$$

$$= \begin{bmatrix} 2\phi(x - 2t) - 2\psi(x + 2t) \\ \phi(x - 2t) + \psi(x + 2t) \end{bmatrix}$$

$$\therefore \begin{cases} u_1(x, t) = 2\phi(x - 2t) - 2\psi(x + 2t) & \cdots ⑩ \\ u_2(x, t) = \phi(x - 2t) + \psi(x + 2t) & \cdots ⑪ \end{cases}$$

一般解 ⑩, ⑪ に初期条件 $u_1(x, 0) = g_1(x),\ u_2(x, 0) = g_2(x)$ を代入すると，

$$2\phi(x) - 2\psi(x) = g_1(x), \qquad \phi(x) + \psi(x) = g_2(x)$$

となるから，これを解くと

$$\phi(x) = \frac{1}{4}\{g_1(x) + 2g_2(x)\}, \qquad \psi(x) = \frac{1}{4}\{2g_2(x) - g_1(x)\}.$$

よって，初期条件を満たす解は ⑩, ⑪ より

$$u_1(x, t) = \frac{1}{2}\{g_1(x - 2t) + 2g_2(x - 2t)\} - \frac{1}{2}\{2g_2(x + 2t) - g_1(x + 2t)\},$$

$$u_2(x, t) = \frac{1}{4}\{g_1(x - 2t) + 2g_2(x - 2t)\} + \frac{1}{4}\{2g_2(x + 2t) - g_1(x + 2t)\}$$

となる．◇

注意 $\lambda = 2$ の固有ベクトルをきめるところで，$a = 2b$ となり，a と b の比が定まっただけである．この様な場合，適当に一方の値を定めて，固有ベクトルを 1 つきめればよい．

電磁波と連立偏微分方程式

真空中を電場と磁場の振動が伝わる電磁波の方程式を調べてみよう．電場が空間的・時間的に変化する様子をベクトル $E(r, t)$ で表す．磁場が，空間的・時間的に変化する様子を表すものが磁束密度と呼ばれるベクトル $B(r, t)$ である．電磁波の波動方程式は，4つの偏微分方程式からなる**マクスウェルの方程式**から導かれる．電荷も電流もない真空中では次の2つの方程式の成り立つことが知られている：

$$(12.8) \quad \text{rot}\, E + \frac{\partial B}{\partial t} = 0,$$

$$(12.9) \quad \text{rot}\, B - \varepsilon_0 \mu_0 \frac{\partial E}{\partial t} = 0$$

$$(\, E = (E_x, E_y, E_z),\ \ B = (B_x, B_y, B_z)\,).$$

ここで ε_0, μ_0 は各々真空中の誘電率，真空中の透磁率と呼ばれる単位をもった定数である．"rot" という記号は，「ローテーション」(回転) と読み，

$$\text{rot}\, E = \left(\frac{\partial E_z}{\partial y} - \frac{\partial E_y}{\partial z},\ \frac{\partial E_x}{\partial z} - \frac{\partial E_z}{\partial x},\ \frac{\partial E_y}{\partial x} - \frac{\partial E_x}{\partial y} \right)$$

である．rot B の成分も同様である．よって，(12.8) は磁場が時間変化すると電場の渦が生じること，(12.9) は電場が時間変化すると磁場の渦が生じることを意味している．したがって，この連立偏微分方程式は，なんらかの方法で電場あるいは磁場の変動が生じれば，あとは磁場の変化と電場の変化が図のように交互に連鎖過程が起きて空間を伝わっていくシステム (電磁波) を記述している (図は電磁波が x-軸方向に進む場合を表している)．

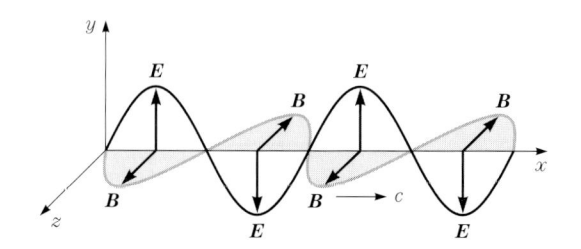

§12. 連立偏微分方程式

(12.8), (12.9) を E, B の各成分の偏導関数を使って表すと次式となる：

(12.10) $\quad \dfrac{\partial E_z}{\partial y} - \dfrac{\partial E_y}{\partial z} + \dfrac{\partial B_x}{\partial t} = 0,$

(12.11) $\quad \dfrac{\partial E_x}{\partial z} - \dfrac{\partial E_z}{\partial x} + \dfrac{\partial B_y}{\partial t} = 0,$

(12.12) $\quad \dfrac{\partial E_y}{\partial x} - \dfrac{\partial E_x}{\partial y} + \dfrac{\partial B_z}{\partial t} = 0,$

(12.13) $\quad \dfrac{\partial B_z}{\partial y} - \dfrac{\partial B_y}{\partial z} - \varepsilon_0 \mu_0 \dfrac{\partial E_x}{\partial t} = 0,$

(12.14) $\quad \dfrac{\partial B_x}{\partial z} - \dfrac{\partial B_z}{\partial x} - \varepsilon_0 \mu_0 \dfrac{\partial E_y}{\partial t} = 0,$

(12.15) $\quad \dfrac{\partial B_y}{\partial x} - \dfrac{\partial B_x}{\partial y} - \varepsilon_0 \mu_0 \dfrac{\partial E_z}{\partial t} = 0.$

この6つの式からなる連立偏微分方程式は，未知関数も E_x, E_y, E_z；B_x, B_y, B_z と6つであるから解けるはずである．

波面が平面である電磁波が x-軸方向に進む場合を考えよう．すると，E, B の成分はみな x と t だけの関数となるので $E(x, t)$, $B(x, t)$ で表す．y や z についての偏微分はすべて 0 になるから，(12.10), (12.13) は

$$\dfrac{\partial B_x}{\partial t} = 0, \qquad \dfrac{\partial E_x}{\partial t} = 0$$

となり，B_x, E_x が時間によらず一定となるが，波を扱う場合，これらは変動しないので $B_x = 0$, $E_x = 0$ とおく．

また，E が y, z によらないから，(12.11), (12.12) より次式を得る：

$(12.11)_0 \quad -\dfrac{\partial E_z}{\partial x} + \dfrac{\partial B_y}{\partial t} = 0,$

$(12.12)_0 \quad \dfrac{\partial E_y}{\partial x} + \dfrac{\partial B_z}{\partial t} = 0.$

同様に，B が y, z によらないから，(12.14), (12.15) は次式となる：

$(12.14)_0 \quad \dfrac{\partial B_z}{\partial x} + \varepsilon_0 \mu_0 \dfrac{\partial E_y}{\partial t} = 0,$

$(12.15)_0 \quad \dfrac{\partial B_y}{\partial x} - \varepsilon_0 \mu_0 \dfrac{\partial E_z}{\partial t} = 0.$

(12.12)$_0$ をもう1度 x で偏微分し，(12.14)$_0$ を使って $\dfrac{\partial B_z}{\partial x}$ を消去すると

(12.16) $\qquad \dfrac{\partial^2 E_y}{\partial x^2} + \dfrac{\partial}{\partial t}\left(\dfrac{\partial B_z}{\partial x}\right) = \dfrac{\partial^2 E_y}{\partial x^2} - \varepsilon_0\mu_0 \dfrac{\partial^2 E_y}{\partial t^2} = 0.$

同様に，(12.11)$_0$ を x で偏微分し，(12.15)$_0$ を使って $\dfrac{\partial B_y}{\partial x}$ を消去すると

(12.17) $\qquad -\dfrac{\partial^2 E_z}{\partial x^2} + \dfrac{\partial}{\partial t}\left(\dfrac{\partial B_y}{\partial x}\right) = -\dfrac{\partial^2 E_z}{\partial x^2} + \varepsilon_0\mu_0 \dfrac{\partial^2 E_z}{\partial t^2} = 0.$

(12.16)，(12.17) の一般解はそれぞれ次のように得られる（§7参照）：

(12.18) $\qquad E_y(x,t) = f_y(x-ct) + g_y(x+ct),$

(12.19) $\qquad E_z(x,t) = f_z(x-ct) + g_z(x+ct).$

ここで，$c^2 = 1/\varepsilon_0\mu_0$ で，f_y, f_z, g_y, g_z はそれぞれ任意関数である．

$f_y(x-ct), f_z(x-ct)$ は x の正方向に伝播する進行波で，$g_y(x+ct), g_z(x+ct)$ は x の負方向に伝播する後退波を表す．

(12.11)$_0$ に (12.19) を代入すると

$$f_z'(x-ct) + g_z'(x+ct) = \dfrac{\partial B_y}{\partial t}.$$

ここで，f_z' は $x-ct$ を1つの変数と考えたときの微分である．g_z' も同様である．

この方程式を時間 t について積分すると

$$B_y(x,t) = -\dfrac{1}{c}f_z(x-ct) + \dfrac{1}{c}g_z(x+ct) + f_0 \qquad (f_0：任意関数).$$

この f_0 は t に無関係な項であるから，これを除くと

(12.20) $\qquad B_y(x,t) = -\dfrac{1}{c}f_z(x-ct) + \dfrac{1}{c}g_z(x+ct).$

同様に，(12.12)$_0$ に (12.18) を代入し，時間について積分すると

(12.21) $\qquad B_z(x,t) = \dfrac{1}{c}f_y(x-ct) - \dfrac{1}{c}g_y(x+ct).$

ここで，任意関数 f_y, f_z, g_y, g_z を具体的に正弦または余弦関数とし，x の正方向へ進む進行波だけを考えると，

$$E_x = B_x = 0,$$
$$E_y = E_{0y} e^{ik(x-ct)} = E_{0y} e^{i(kx-\omega t)}, \qquad E_z = E_{0z} e^{i(kx-\omega t)},$$
$$B_y = \frac{-1}{c} E_{0z} e^{i(kx-\omega t)}, \qquad B_z = \frac{1}{c} E_{0y} e^{i(kx-\omega t)}$$

と表示できる(ただし, $k = \omega/c$). これより, $\boldsymbol{E} \cdot \boldsymbol{B} = 0$ となり, $\boldsymbol{E}$ と $\boldsymbol{B}$ は互いに直交しているので, 電磁波は $\boldsymbol{E}$ の振動面と $\boldsymbol{B}$ の振動面が互いに直交し, x の正方向に伝播していく横波であることがわかる.

練 習 問 題 12

1. 次の 1 階 2 元連立偏微分方程式
$$\begin{cases} \dfrac{\partial u_1}{\partial t} + 8 \dfrac{\partial u_2}{\partial x} = 0 & \cdots \text{①} \\ \dfrac{\partial u_2}{\partial t} + 2 \dfrac{\partial u_1}{\partial x} = 0 & \cdots \text{②} \end{cases} \quad (-\infty < x < \infty,\ 0 < t < \infty)$$
を初期条件 $u_1(x, 0) = g_1(x),\ u_2(x, 0) = g_2(x)$ のもとに解け.

2. 次の 1 階 2 元連立偏微分方程式を解け.
$$\begin{cases} \dfrac{\partial E(x,t)}{\partial x} = -\mu \dfrac{\partial H(x,t)}{\partial t} & \cdots \text{①} \\ -\dfrac{\partial H(x,t)}{\partial x} = \sigma E(x,t) & \cdots \text{②} \end{cases}$$
ただし μ, σ および $\delta = \sqrt{2/\omega\sigma\mu}$ は定数で, $E(x,t) = E_0(x) e^{i\omega t}$ の形に書けるとする.

3. 2 階偏微分方程式
$$u_{tt} = c^2 u_{xx} + a u_x + b u \qquad (c, a, b : 定数)$$
を $u_1 = u,\ u_2 = u_x,\ u_3 = u_t$ とおいて, 等価な 1 階 3 元連立偏微分方程式に書き直せ.

4. 上の **3** の 1 階 3 元連立偏微分方程式を行列の形
$$A\boldsymbol{u}_t + B\boldsymbol{u}_x + C\boldsymbol{u} = \boldsymbol{0}$$
に書け. ここで A, B, C は 3 次の正方行列である.

おわりに

　まず，本書の執筆に際して参考にさせていただいた主な文献を挙げ，謝意を表したい．

[1] 　犬井鉄郎：偏微分方程式とその応用，1961年，コロナ社
[2] 　寺澤寛一：数学概論（応用編），1963年，岩波書店
[3] 　アラマノヴィチ・レーヴィン（山崎三郎監修，筒井孝胤訳）：数理物理学入門，1966年，東京図書
[4] 　小平吉男：物理数学 第2巻，1971年，文献社
[5] 　杉山昌平：偏微分方程式例題演習，1976年，森北出版
[6] 　飯野理一，堤 正義：偏微分方程式入門，1986年，サイエンス社
[7] 　神部 勉：偏微分方程式，1987年，講談社
[8] 　S. J. ファーロウ（伊理正夫／由美訳）：偏微分方程式，1996年，朝倉書店
[9] 　及川正行：偏微分方程式，1997年，岩波書店
[10] 　金子 晃：偏微分方程式入門，1998年，東京大学出版会
[11] 　篠崎寿夫，若林敏雄，木村正雄：偏微分方程式とグリーン関数，1998年，現代工学社
[12] 　Frank Ayres, Jr.：Theory and Problems of Differential Equations, 1952, Schaum P. Co., New York
[13] 　S. L. Ross：Differential Equations, 1964, Blaisdell P. C., Toronto
[14] 　E. C. Zachmanoglou and D. W. Thoe：Introduction to Partial Differential Equations with Applications, 1986, Dover P. Inc., New York

　[1]～[4]は，偏微分方程式を理工学的現象の立場から考え応用するの

おわりに

に良い参考になりました．特に［1］，［3］は，著者の一人が物理数学の参考書として学生時代に購入し，近くに置いて使用してきた定評ある本です．

［5］，［6］は，偏微分方程式を数学的立場から簡潔にまとめてあり，例題，問題も多いので，数学的な演習のために参考になりました．

［7］は著者の一人が物理数学の講義に教科書として使用していたもので，［8］と共に理工学の学生の立場から偏微分方程式の具体的な解法と応用を全般的に詳しく書かれており，本書をマスターした方は是非これらの著書を読まれることを推薦します．

［9］～［11］はレベルが少し高いですがそれぞれ特色があり，部分的に参考にさせていただきました．

［12］～［14］は，語句の英訳表現や例題などのためにも役立ちました．

ページ数の制約のため，非線形偏微分方程式や数値計算法は割愛せざるをえませんでした．一方，偏微分方程式は一般に難解であるとされているので，本書では，初めの部分で偏微分，全微分，それに多変数関数の積分を解説し，理解しやすく工夫しておきました．

本書を著わす上で，逐一明記してありませんが，上記の参考書につよく依存した個所もあり，ここで厚くお礼申し上げます．

練習問題の解答とヒント

練習問題 1

1．（1） $f_x = 2ax + 2by$, $f_y = 2bx + 2cy$, $f_{xx} = 2a$, $f_{xy} = f_{yx} = 2b$, $f_{yy} = 2c$.
（2） $f_x = e^{-(x^2+y^2)}\{a\cos(ax+by) - 2x\sin(ax+by)\}$,
$f_y = e^{-(x^2+y^2)}\{b\cos(ax+by) - 2y\sin(ax+by)\}$,
$f_{xx} = e^{-(x^2+y^2)}\{(4x^2 - a^2 - 2)\sin(ax+by) - 4ax\cos(ax+by)\}$,
$f_{yy} = e^{-(x^2+y^2)}\{(4y^2 - b^2 - 2)\sin(ax+by) - 4by\cos(ax+by)\}$,
$f_{xy} = f_{yx} = e^{-(x^2+y^2)}\{(4xy - ab)\sin(ax+by) - 2(bx+ay)\cos(ax+by)\}$.
（3） $f_x = 2xy + 3y^2$, $f_y = x^2 + 6xy + z^2$, $f_z = 2yz$, $f_{xx} = 2y$, $f_{yy} = 6x$, $f_{zz} = 2y$, $f_{xy} = f_{yx} = 2x + 6y$, $f_{xz} = f_{zx} = 0$, $f_{yz} = f_{zy} = 2z$.

2．（1） $df = (2ax + by)dx + (bx + 2cy)dy$.
（2） $df = \dfrac{-x}{a^2 - x^2 - y^2}dx + \dfrac{-y}{a^2 - x^2 - y^2}dy = \dfrac{-1}{a^2 - x^2 - y^2}(x\,dx + y\,dy)$.

3． $z - 2 = -(x - 2) - \dfrac{1}{2}(y - 1)$.

4．（1） 完全微分方程式の条件を満たす．与式を $(2xy\,dx + x^2\,dy) - (y^2\,dx + 2xy\,dy) = 0$ として積分すると，$x^2 y - y^2 x = C$（C：任意定数）．
（2） 完全微分方程式の条件を満たす．与式を $3x^2\,dx + 3y\,dx + 3x\,dy + 3e^y\,dy = 0$ として積分すると，$x^3 + 3xy + 3e^y = C$（C：任意定数）．

5．（1） 完全微分方程式の条件を満たしている．与式を $x\,dx - (x\,dy + y\,dx) + z\,dz = 0$ として積分すると，$x^2 - 2xy + z^2 = C$（C：任意定数）．
（2） 積分可能条件 (1.12) を満たす．x を積分因数として与式の各項に掛けて整理すると $(3x^2 z\,dx + x^3\,dz) + (2xy\,dx + x^2\,dy) = 0$．これを積分すると，$x^3 z + x^2 y = C$（$C$：任意定数）．

練習問題 2

1．（1） 158/3　（2） 16/105
2．（1） $-7/6$　（2） 1/6

3．（1） $3/35$

（2） 積分領域 D は 19 ページの図のようになっているから，x から積分すると，

与式 $= \int_0^1 dy \int_0^{1-y} (x^2 + y^2)\, dx = \dfrac{1}{6}$．

4． 下の図を参考にして考えると，$I = \int_a^b dy \int_a^{a+b-y} f(x, y)\, dx$．

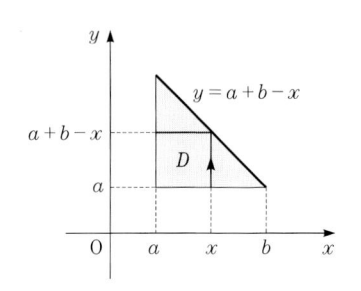

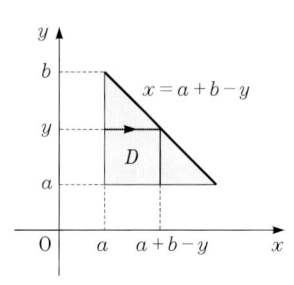

5． r, θ, φ の順に積分していく．計算の途中で，$\sin\theta = t$ とおくと $\cos\theta\, d\theta = dt$ であることを用いてみよ（$\sin\varphi$ についても同様）．答は $a^2/40$．

練習問題 3

1．（1） 1 階，非線形　　（2） 2 階，線形　　（3） 2 階，線形
　　（4） 3 階，非線形

2．（1） $u = \displaystyle\int_a^x a(\xi, y)\, d\xi + h(y)$　（a はある定数，$h(y)$ は任意関数）．

（2） $\dfrac{\partial u_x(x, y)}{\partial x} = 0$ だから，$u_x(x, y) = f(y)$（$f(y)$：任意関数）．

$\dfrac{\partial u(x, y)}{\partial x} = f(y)$ だから，$u(x, y) = x f(y) + g(y)$（$g(y)$：任意関数）．

（3） (2)と同様に考える．$u(x, y) = \dfrac{1}{2} x^2 f(y) + x g(y) + h(y)$（$f(y), g(y),$ $h(y)$：任意関数）．

（4） $u_{xy} = U$ とおくと，$u_{xxyy} = U_{xy}$ であるから，2 段階に分けて考えればよい．また，x の任意関数をもう一度同じ x で積分したものもやはり x の任意関数で表せることに注意すれば（y についても同じ），

$u(x, y) = y\, g_2(x) + x\, h_2(y) + g_1(x) + h_1(y)$　　（g_1, g_2, h_1, h_2：任意関数）．

3．（1） $u(x, y) = f(x) + g(y)$ とおくと，$f'(x) g'(y) = k$．$f'(x) = ak$（a：定数）

とすると $g'(y) = 1/a$ だから，各々積分して $f(x) = akx + C_1$，$g(y) = \dfrac{1}{a}y + C_2$．
したがって，$u(x,y) = akx + \dfrac{1}{a}y + \beta$（ここで，$\beta = C_1 + C_2$，$\alpha, \beta$ は任意定数）．

（2） $u(x,y) = f(x) + g(y)$ とおくと，$f'(x)g'(y) = xy$．$\dfrac{f'(x)}{x} = \dfrac{g'(y)}{y} = a$
（a：定数）として (1) と同様にして考えると，$u(x,y) = \dfrac{a}{2}x^2 + \dfrac{1}{2a}y^2 + \beta$（$\alpha, \beta$：任意定数）．

（3） $u(x,y) = f(x)g(y)$ とおく．$u_x = f'(x)g(y)$，$u_y = f(x)g'(y)$ を与式に代入すると，$f'(x) + f(x)^2 g'(y) = 0$．分離定数を a とすると，$-f'(x)/f(x)^2 = g'(y) = a$．$g(y) = a(y + C_1)$．一方，$-f'(x)/f(x)^2 = a$ より $1/f = a(x + C_2)$ $\therefore$ $f(x) = a^{-1}(x + C_2)^{-1}$ $\therefore$ $u(x,y) = f(x)g(y) = (y + C_1)/(x + C_2)$（$C_1, C_2$：任意定数）．

（4） $u(x,y) = f(x) + g(y)$ とおくと，与式は $\{f'(x)\}^2 + \{g'(y)\}^2 = 1$ となる．ここで，$f'(x) = \cos\theta$，$g'(y) = \sin\theta$ とおいて解く．$u(x,y) = x\cos\theta + y\sin\theta + C$（$\theta, C$：任意定数）．

4． 一般解は $u(x,y) = f(x) + g(y)$ である．$u(0,y) = f(0) + g(y) = y$ より $u(x,y) = f(x) + y - f(0)$．$u(x,0) = f(x) - f(0) = \sin x$ より $u(x,y) = \sin x + y$．

練習問題 4

1．（1） 特性方程式：$dx = dy = \dfrac{du}{-3u} = d\sigma$，特性曲線：$x = \sigma + x_0$，$y = \sigma + y_0$，$u = u_0 e^{-3\sigma}$．初期曲線として $x_0 = 0$，$y_0 = s$，$u_0 = g(s)$ を選ぶ（$s = y - x$，$\sigma = x$）．一般解は $u(x,y) = g(y-x)e^{-3x}$（g：任意関数）．

（2） 特性方程式：$dx = dy = \dfrac{du}{-yu} = d\sigma$，特性曲線：$x = \sigma + x_0$，$y = \sigma + y_0$，$u = u_0 \exp\left(-\dfrac{\sigma^2}{2} + y_0 \sigma\right)$．初期曲線として $x_0 = s$，$y_0 = 0$，$u_0 = g(s)$ を選ぶ（$s = x - y$，$\sigma = y$）．一般解は $u(x,y) = g(x-y)e^{-y^2/2}$（$g$：任意関数）．

（3） 特性方程式：$\dfrac{dx}{x} = \dfrac{dy}{y} = \dfrac{du}{2xy} = d\sigma$，特性曲線：$x = x_0 e^\sigma$，$y = y_0 e^\sigma$，$u = u_0 + x_0 y_0 (e^{2\sigma} - 1)$．初期曲線として $x_0 = \cos s$，$y_0 = \sin s$，$u_0 = g(s)$ を選ぶ（$s = \tan^{-1}(y/x)$，$x^2 + y^2 = e^{2\sigma}$）．一般解は
$u(x,y) = g(\tan^{-1}(y/x)) + \dfrac{1}{2}(x^2 + y^2 - 1)\sin(2\tan^{-1}(y/x))$（$g$：任意関数）．

練習問題の解答とヒント 123

（4） 特性方程式： $\dfrac{dx}{x} = \dfrac{dy}{-y} = \dfrac{du}{0} = d\sigma$，特性曲線： $x = x_0 e^{\sigma}$, $y = y_0 e^{-\sigma}$, $u = u_0$. 初期曲線として $x_0 = s$, $y_0 = \pm 1$, $u_0 = g(s)$ を選ぶ（ $xy = \pm s$, $y = \pm e^{-\sigma}$ ）. 一般解は $u(x,y) = g(xy)$ （ g ：任意関数）.

（5） 特性方程式： $\dfrac{dx}{x} = \dfrac{dy}{y} = \dfrac{du}{3u} = d\sigma$，特性曲線： $x = x_0 e^{\sigma}$, $y = y_0 e^{\sigma}$, $u = u_0 e^{3\sigma}$. 初期曲線として $x_0 = \cos s$, $y_0 = \sin s$, $u_0 = g(s)$ を選ぶ（ $x^2 + y^2 = e^{2\sigma}$, $s = \tan^{-1}(y/x)$ ）. 一般解は $u(x,y) = g(\tan^{-1}(y/x))(x^2+y^2)^{3/2}$ （ g ：任意関数）.

2. （1） 特性方程式： $dx = \dfrac{dy}{u} = \dfrac{du}{0} = d\sigma$，特性曲線： $x = \sigma + x_0$, $u = u_0$, $y = u_0 \sigma + y_0$. 初期曲線として $x_0 = 0$, $y_0 = s$, $u_0 = g(s)$ を選ぶ（ $\sigma = x$, $s = y - ux$ ）. 一般解は $u = g(y - ux)$ （ g ：任意関数）.

（2） 特性方程式： $dx = \dfrac{dy}{u^2} = \dfrac{du}{0} = d\sigma$，特性曲線： $x = \sigma + x_0$, $u = u_0$, $y = u_0^2 \sigma + y_0$. 初期曲線として $x_0 = 0$, $y_0 = s$, $u_0 = g(s)$ を選ぶ（ $\sigma = x$, $s = y - u^2 x$ ）. 一般解は $u = g(y - u^2 x)$ （ g ：任意関数）.

（3） 特性曲線： $dx = \dfrac{dy}{u} = \dfrac{du}{-au} = d\sigma$，特性曲線： $x = \sigma + x_0$, $u = u_0 e^{-a\sigma}$, $y = y_0 - \dfrac{u_0}{a}(e^{-a\sigma} - 1)$. 初期曲線として $x_0 = 0$, $y_0 = s/a$, $u_0 = g(s)$ を選ぶ（ $\sigma = x$, $s = ay + u - u e^{ax}$ ）. 一般解は $u = g(ay + u - u e^{ax}) e^{-ax}$ （ g ：任意関数）.

（4） 特性方程式： $dx = \dfrac{dy}{c(u)} = \dfrac{du}{0} = d\sigma$，特性曲線： $x = \sigma + x_0$, $u = u_0$, $y = c(u_0)\sigma + y_0$. 初期曲線として $x_0 = 0$, $y_0 = s$, $u_0 = g(s)$ を選ぶ（ $\sigma = x$, $s = y - c(u)x$ ）. 一般解は $u = g(y - c(u)x)$ （ g ：任意関数）.

（5） 特性方程式： $dx = \dfrac{dy}{u} = \dfrac{du}{u^2} = d\sigma$，特性曲線： $x = \sigma + x_0$, $u = \dfrac{u_0}{1 - \sigma u_0}$, $y = y_0 - \log(1 - \sigma u_0)$. 初期曲線として $x_0 = 0$, $y_0 = s$, $u_0 = g(s)$ を選ぶ （ $\sigma = x$, $s = y - \log|1 + xu|$, $u_0 = u/(1 + xu)$ ）. 一般解は $u/(1 + xu) = g(y - \log|1 + xu|)$ （ g ：任意関数）.

3. （1） 特性方程式： $dx = dt = du/(-u) = d\sigma$，特性曲線： $x = \sigma + x_0$, $t = \sigma + t_0$, $u = u_0 e^{-\sigma}$. 初期曲線として， $x_0 = \tau$, $t_0 = 0$, $u_0 = g(\tau)$ を選ぶ（ $\sigma = t$, $\tau = x - t$ ）. 一般解は $u(x,t) = g(x - t)e^{-t}$ （ g ：任意関数）. 初期条件より $g(x) = u(x, 0) = \sin x$. よって，求める解は $u(x,t) = e^{-t} \sin(x - t)$.

（2） 特性方程式： $dx = dt = du/0 = d\sigma$，特性曲線： $x = \sigma + x_0$, $t = \sigma + t_0$,

$u = u_0$. 初期曲線として，$x_0 = \tau$, $t_0 = 0$, $u_0 = g(\tau)$ を選ぶ（$\sigma = t$, $\tau = x - t$）．一般解は $u(x, t) = g(x - t)$（g：任意関数）．初期条件より，$g(x) = u(x, 0) = \cos x$．よって，求める解は $u(x, t) = \cos(x - t)$．

4． 特性方程式は $\dfrac{dx}{x - u_y} = \dfrac{dy}{y - u_x} = \dfrac{du}{xu_x + yu_y - 2u_x u_y} = \dfrac{-du_x}{u_x} = \dfrac{-du_y}{u_y} = d\sigma$．第 4, 5 辺から $u_y = c_1 u_x$（c_1：任意定数）．これを与式に代入すると，$u_x = (x - c_1 y)/c_1$, $u_y = x + c_1 y$．よって，$du = u_x\, dx + u_y\, dy = \dfrac{1}{c_1}(x + c_1 y)\, d(x + c_1 y)$

∴ $u = \dfrac{1}{2c_1}(x + c_1 y)^2 + c_2$（$c_1, c_2$：任意定数）．

練習問題 5

1． （1） $u(x, y) = \dfrac{1}{4} x^4 + f_1(y) x + f_2(y)$（$f_1, f_2$：任意関数）．

（2） $u(x, y) = x^2 y + 3xy^2 + f(y) + g(x)$（$f, g$：任意関数）．

（3） u_y について線形だから $u_y = f_1(x) y^2$（f_1：任意関数）．したがって，$u(x, y) = f(x) y^3 + g(x)$（$f, g$：任意関数）．

（4） x で積分すると $u_x + u_y - u = f(y)$．この特性方程式は $\dfrac{dx}{1} = \dfrac{dy}{1} = \dfrac{du}{u + f(y)}$．前の 2 式より $x - y = c_1$，後の 2 式より $u = e^y \left(\displaystyle\int e^{-y} f(y)\, dy + c_2 \right)$（$c_1, c_2$：任意定数）．まとめて，一般解は $u e^{-y} - \displaystyle\int e^{-y} f(y)\, dy = g(x - y)$（$f, g$：任意関数）．

（5） u_y について線形だから $u_y = -x(y + 1) + f(x) e^y$（$f$：任意関数）．したがって，$u(x, y) = -x\left(\dfrac{1}{2} y^2 + y \right) + f(x) e^y + g(x)$（$f, g$：任意関数）．

2． （1） $u(x, y) = f(3x + y) + g(2x - y)$（$f, g$：任意関数）．

（2） $u(x, y) = f(x) + g(5x - y)$（$f, g$：任意関数）．

（3） 与式の斉次方程式の解 u_0 は $u_0 = f(3x - 4y) + g(x - y)$（$f, g$：任意関数）．与式の特殊解 U は $U = \dfrac{3}{2} x^2$．したがって，一般解は

$$u(x, y) = u_0 + U = f(3x - 4y) + g(x - y) + \dfrac{3}{2} x^2.$$

（4） $u(x, t) = f(x - ct) + y(x + ct)$（$f, g$：任意関数）．

（5） $u(x, y) = f(x - iy) + g(x + iy)$（$f, g$：任意関数，$i = \sqrt{-1}$）．

3. $(D_x + \lambda_j D_y)\varphi_j(y - \lambda_j x) = \varphi_j'(y - \lambda_j x)(-\lambda_j) + \lambda_j \varphi_j'(y - \lambda_j x) = 0$ ($j = 1, 2, \cdots$) を使って，任意の m について成り立つことを示せ．

4. 任意の l に対して $(D_x + \lambda D_y)\{x^{l-1}\varphi_l(y - \lambda x)\} = (l-1)x^{l-2}\varphi_l(y - \lambda x)$．よって，$k \geq l$ に対して
$$(D_x + \lambda D_y)^k \{x^{l-1}\varphi_l(y - \lambda x)\}$$
$$= (l-1)(l-2)\cdots 2\cdot 1 (D_x + \lambda D_y)^{k-l+1}\varphi_l(y - \lambda x) = 0.$$
したがって，与式は $(D_x + \lambda D_y)^k u(x, y) = 0$ を満たす．

5. $(D_x - \lambda D_y)\left[\int^x g(t, c - \lambda t)\, dt\right]_{c=y+\lambda x}$
$= \left[g(x, c - \lambda x)\right]_{c=y+\lambda x} + \left[\int^x \frac{\partial g}{\partial c}\frac{\partial c}{\partial x}\, dx - \lambda \int^x \frac{\partial g}{\partial c}\frac{\partial c}{\partial y}\, dx\right]_{c=y+\lambda x}$
$= g(x, y).$

練習問題 6

1. u を順次微分して，$u_{tt} - v^2 u_{xx}$ に代入して 0 になることを確かめよ．

2. $u_{tt} - v^2 u_{xx} = \sum_{n=1}^{\infty} \sin\left(\frac{n\pi x}{l}\right)\left\{T_n''(t) + \left(\frac{n\pi v}{l}\right)^2 T_n\right\} = 0$. 恒等的に 0 に等しい関数のフーリエ係数はすべて 0 に等しいから，$T_n''(t) + (n\pi v/l)^2 T_n = 0$.

3. $\xi = \xi_1 + \xi_2 = 2A\cos\left(\frac{2\pi}{T}t + a\right)\sin\left(\frac{2\pi}{\lambda}x + a\right)$. この合成波は t, x が分離された変数分離形で定在波である．

4. （i） $\gamma = 0$ の場合．節線の方程式は $\sin\frac{m\pi}{a}x \sin\frac{n\pi}{a}y = 0$. ㋑：$m = 1, n = 2$ ($m = 2, n = 1$) のとき，$\sin\frac{\pi}{a}x \sin\frac{2\pi}{a}y = 0$. $0 \leq x \leq a$, $0 \leq y \leq a$ だから，$\sin\frac{\pi}{a}x = 0$ より $x = 0, a$. $\sin\frac{2\pi}{a}y = 0$ より $y = 0, \frac{a}{2}, a$. ($m = 2, n = 1$ のときは図で x 軸と y 軸を交換したもの．以下同様)．㋺：$m = 1, n = 3$ ($m = 3, n = 1$) のとき，$\sin\frac{\pi}{a}x \sin\frac{3\pi}{a}y = 0$. $\sin\frac{\pi}{a}x = 0$ より $x = 0, a$. $\sin\frac{3\pi}{a}y = 0$ より $y = 0, \frac{a}{3}, \frac{2a}{3}, a$. ㋩：$m = 2, n = 3$ ($m = 3, n = 2$) のとき，$\sin\frac{2\pi}{a}x \sin\frac{3\pi}{a}y = 0$. $\sin\frac{2\pi}{a}x = 0$ より $x = 0, \frac{a}{2}, a$. $\sin\frac{3\pi}{a}y = 0$ より $y = 0, \frac{a}{3}, \frac{2a}{3}, a$. $m = n$ の場合についても全く同様に考察できるが省略する．

(ii) $\gamma = 1$ の場合． ㊂：$m = 1, n = 2$ ($m = 2, n = 1$) のとき，

$$\sin\frac{\pi}{a}x \sin\frac{2\pi}{a}y + \sin\frac{2\pi}{a}x \sin\frac{\pi}{a}y = 0$$

∴ $\sin\frac{\pi}{a}x \sin\frac{\pi}{a}y \cos\frac{\pi}{2a}(x+y)\cos\frac{\pi}{2a}(x-y) = 0$．これを解いて，$x = 0, a$．$y = 0, a$．この他に $x + y = a$ を得る． ㊄：$m = 1, n = 3$ ($m = 3, n = 1$) のとき，

$$\sin\frac{\pi}{a}x \sin\frac{3\pi}{a}y + \sin\frac{3\pi}{a}x \sin\frac{\pi}{a}y = 0$$

∴ $\sin\frac{\pi}{a}x \sin\frac{\pi}{a}y \left\{3 - 2\sin^2\frac{\pi}{a}y - 2\sin^2\frac{\pi}{a}x\right\} = 0$．$\{\ \}$ の中 $= 0$ より，図のような円に近い図形が現れる． ㊅：$m = 2, n = 3$ ($m = 3, n = 2$) のとき，

$$\sin\frac{2\pi}{a}x \sin\frac{3\pi}{a}y + \sin\frac{3\pi}{a}x \sin\frac{2\pi}{a}y = 0.$$

∴ $\sin\frac{\pi}{a}x \sin\frac{\pi}{a}y \cos\frac{\pi}{2a}(x+y)\cos\frac{\pi}{2a}(x-y)\left\{4\cos\frac{\pi}{a}x \cos\frac{\pi}{a}y - 1\right\} = 0$．
$\{\ \}$ の中 $= 0$ より，図のような円に近い図形が現れる．

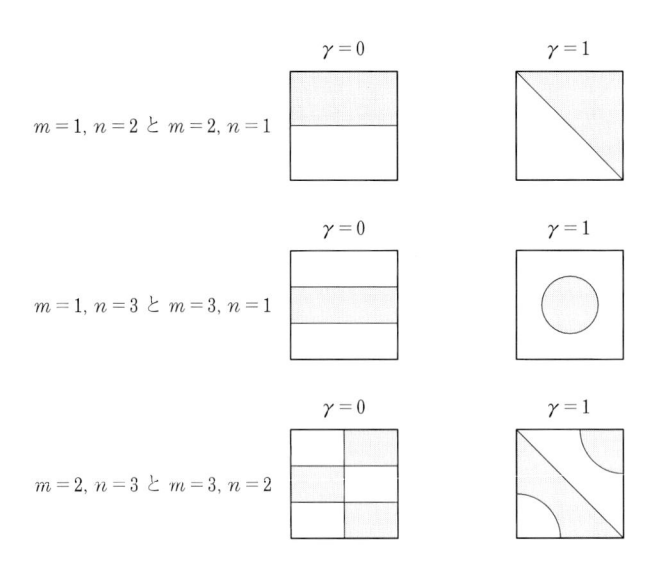

練習問題 7

1. u を順次微分して，$u_{tt} - v^2 u_{xx}$ に代入して 0 になることを確かめよ．

2. $t=0$ のとき $u(x,0) = e^{-x^2}$，$t=2/c$ のとき $u(x, 2/c) = e^{-(x-2)^2}$，$t = 4/c$ のとき $u(x, 4/c) = Ae^{-(x-4)^2}$ であるから，これらをグラフにすると，下図のように右へ動く．

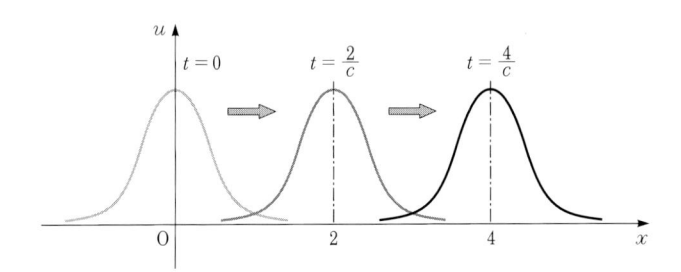

3. $\dfrac{\partial}{\partial t} \displaystyle\int_0^{x+vt} \psi(x)\,dx = v\psi(x+vt)$ に注意して (7.13) を t で偏微分すると

$$u_t(x,t) = \frac{v}{2}\{-\varphi'(x-vt) + \varphi'(x+vt)\} + \frac{1}{2v}\{v\psi(x+vt) + v\psi(x-vt)\}$$

よって，$u|_{t=0} = \varphi(x)$，$u_t|_{t=0} = \psi(x)$ となるから (7.9) を満たしている．

4. (7.15) に，$\varphi(x) = e^{-x^2}$，$\psi(x) = 0$ を代入すると，

$$u(x,t) = \frac{1}{2}\{e^{-(x-vt)^2} + e^{-(x+vt)^2}\}.$$

5. 球座標のヘルムホルツ方程式は $\dfrac{1}{r^2}\dfrac{\partial}{\partial r}\left[r^2 \dfrac{\partial S(r)}{\partial r}\right] = -k^2 S(r)$ … ① となる．

左辺 $= \dfrac{\partial^2 S}{\partial r^2} + \dfrac{2}{r}\dfrac{\partial S}{\partial r} = \dfrac{1}{r}\dfrac{\partial^2 (rS)}{\partial r^2}$ であるから，① は $\dfrac{\partial^2 (rS)}{\partial r^2} = (ik)^2 rS$ ($i = \sqrt{-1}$) となる．これを ($U(r) = rS(r)$ とおいて) 解くと，$U(r) = ae^{ikr} + be^{-ikr}$ (a, b：任意定数)　∴ $S(r) = (a/r)e^{ikr} + (b/r)e^{-ikr}$．

練習問題 8

1. u を順次微分して $u_t = \kappa u_{xx}$ に代入して確かめよ．

2. 定常的になっているときは $u_t = 0$ であるから，(8.5) より $u_{xx} = 0$．これを x で 2 回積分すると $u = ax + b$ (a, b：任意定数)．初期条件で a, b を定めると $u = (u_1 - u_0)x/l + u_0$ … ① となる．流れる熱量 J は，(8.2) と ① より $J = -K\,du/dx =$

$K(u_0 - u_1)/l$.

3. $u(x, t) = S(x) T(t)$ と仮定し，(8.8) に代数して変数を分離すると
$\dfrac{1}{T}\dfrac{dT}{dt} = \dfrac{D}{S}\dfrac{d^2 S}{dx^2}$. 分離定数を $-\dfrac{1}{\tau}$ として解くと，

$T = T_0 e^{-\frac{t}{\tau}}$ …① $\quad S = A\cos\dfrac{x}{\sqrt{D\tau}} + B\sin\dfrac{x}{\sqrt{D\tau}}$ …② （T_0, A, B：任意定数）．

濃度（密度）は両側の壁（$x = \pm L$）で 0 となり，壁の間で 1 つか 1 つ以上のピークをもつことが予想される．ピークが 1 つとして解を求めよう．対称性から②で奇関数（sin）の項を消すことができる．よって，①，② から $u(x, t) = u_0 e^{-\frac{t}{\tau}}\cos\dfrac{x}{\sqrt{D\tau}}$ と表示できる．$u(\pm L, t) = 0$ より，$\cos\dfrac{\pm L}{\sqrt{D\tau}} = 0$

∴ $\dfrac{L}{\sqrt{D\tau}} = \dfrac{\pi}{2}$. これより，$\tau = \dfrac{4L^2}{\pi^2 D}$ となり，

$u(x, t) = u_0 \exp\left\{-\dfrac{\pi^2 D t}{4L^2}\right\}\cos\dfrac{\pi x}{2L}$ という最低次数の拡散モード解を得る．右上の図のようにピークの密度は時間とともに指数関数的に減少する．時定数 τ は L が増加するとともに増加し，D に関しては逆数的関係にある．

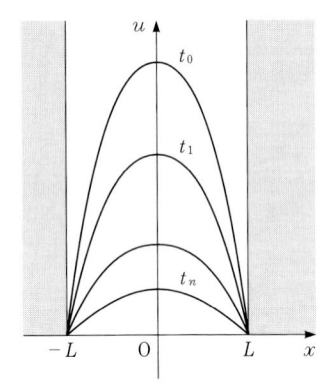

4. $u = S(x, y, z) T(t)$ を与式に代入すると，$S\dfrac{dT}{dt} = \kappa T \Delta S$ ∴ $\dfrac{1}{T}\dfrac{dT}{dt} = \dfrac{\kappa}{S}\Delta S$
$= -\kappa k^2$ ∴ $\Delta S = -k^2 S$．よって，$\Delta S + k^2 S = 0$．

5. 例題 8.2 で得た $w_n(x, t)$ は，$\bar{u}_0 = \bar{u}_l$ の場合，$n = 2m + 1$（奇数）のときだけ残り，

$$w(x, t) = \dfrac{4}{\pi}(u_0 - \bar{u}_0)\sum_{m=0}^{\infty}\dfrac{\sin((2m+1)\pi x/l)}{2m+1}\exp\left\{-\dfrac{(2m+1)^2\pi^2\kappa t}{l^2}\right\}$$

となる．また，例題 8.2 で得た $u(x, t)$ は，$\bar{u}_0 = \bar{u}_l$ の場合，$u(x, t) = w(x, t) + \bar{u}_0$ となる．温度 $u(x, t)$ のグラフは，$x = l/2$ に関して対称で，t が大きくなるに従って，右の図の (1) → (2) → (3) となっていく．

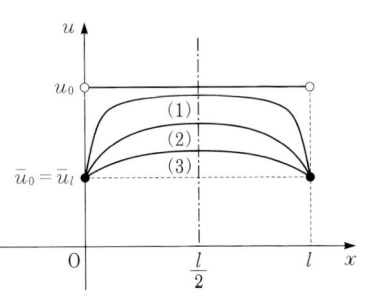

練習問題の解答とヒント 129

練習問題 9

1. U を微分して $U_t = \kappa U_{xx}$ に代入して確かめよ.

2. $\displaystyle\int_{-\infty}^{\infty} U(x-x_0, t)\, dx = \frac{1}{2\sqrt{\pi\kappa t}} \int_{-\infty}^{\infty} \exp\left\{-\frac{(x-x_0)^2}{4\kappa t}\right\} dx = \frac{1}{\sqrt{\pi}} \int_{-\infty}^{\infty} e^{-\alpha^2} d\alpha = 1$

となる. 途中で変数変換 $\alpha = \dfrac{x-x_0}{2\sqrt{\kappa t}}$ を行った. $t=0$ で瞬間的にインパルス的に棒に伝えられた熱エネルギーの量は時間が経っても変わらない.

3. 例題 9.1 で得た $u(x,t)$ を用いて,$u(0,t) = u_0\left[\Phi(z) - \dfrac{1-e^{-z^2}}{z\sqrt{\pi}}\right]$ … ① ($z = l/2\sqrt{\kappa t}$ とおいた). また,$\dfrac{d}{dz}\left[\Phi(z) - \dfrac{1-e^{-z^2}}{z\sqrt{\pi}}\right] = \dfrac{1}{\sqrt{\pi}} \dfrac{1-e^{-z^2}}{z^2} \to 0$ ($z \to 0$) であるから,① は $u(0,t) = \dfrac{u_0}{\sqrt{\pi}} \displaystyle\int_0^z \dfrac{1-e^{-z^2}}{z^2} dz$ … ② と表せる. t が十分大きいとすると,z は十分小さくなるから,$\dfrac{1-e^{-z^2}}{z^2} = 1 - \dfrac{z^2}{2!} + \cdots$ から ② は $u(0,t) \fallingdotseq \dfrac{u_0}{\sqrt{\pi}} \displaystyle\int_0^z dz = \dfrac{u_0}{\sqrt{\pi}} z = \dfrac{u_0 l}{2\sqrt{\pi\kappa t}}$.

4. 変換式を微分して与式に代入して整理すれば $u_t = \kappa u_{xx}$ となる.

5. u を微分し $u_t = \kappa u_{xx}$ に代入して $\displaystyle\sum_{n=1}^{\infty} \left\{T_n'(t) + \kappa\left(\frac{n\pi}{l}\right)^2 T_n(t)\right\} \sin\left(\frac{n\pi}{l} x\right) = 0$.
恒等的に 0 な関数のフーリエ係数は 0 に等しいから,$T_n'(t) + \kappa\left(\dfrac{n\pi}{l}\right)^2 T_n(t) = 0$.

練習問題 10

1. 分離定数を k^2 とおいて変数分離法を用いて解くと,一般解は
$$u(x,y) = (A e^{kx} + B e^{-kx})(C \cos ky + D \sin ky) \quad (A, B, C, D : 任意定数).$$
初期条件を考える. $u|_{x=0} = 0$ より $A = -B$. $u_x|_{x=0} = \dfrac{1}{\alpha} \sin \alpha y$ より $C = 0$, $k = \alpha$, $AD = 1/2\alpha^2$. まとめて,$u(x,y) = \dfrac{1}{\alpha^2} \sinh \alpha x \sin \alpha y$.

2. $x = 0$, $y = 0$, $y = b$ での境界条件による変数分離解から,
$$V(x,y) = \sum_{n=1}^{\infty} A_n \sinh \frac{n\pi}{b} x \sin \frac{n\pi}{b} y.$$
$V|_{x=a} (= f(y))$ と $f(y)$ のフーリエ正弦級数を比較して A_n を定めれば
$$V(x,y) = \frac{2}{b} \sum_{n=1}^{\infty} \left\{\int_0^b f(\xi) \sin \frac{n\pi}{b} \xi\, d\xi\right\} \frac{\sinh(n\pi x/b)}{\sinh(n\pi a/b)} \sin \frac{n\pi}{b} y.$$

3. 2 と同様に考えればよい．$x=a$, $y=0$, $y=b$ での境界条件から，$V(x,y) = \sum_{n=1}^{\infty} A_n \cosh \frac{n\pi}{b}(a-x) \sin \frac{n\pi}{b} y$．$V_x|_{x=0} = f(y)$ から A_n を定めて，

$$V(x,y) = \frac{-2}{\pi} \sum_{n=1}^{\infty} \frac{1}{n} \left\{ \int_0^b f(\xi) \sin \frac{n\pi}{b} \xi \, d\xi \right\} \frac{\cosh(n\pi(a-x)/b)}{\sinh(n\pi a/b)} \sin \frac{n\pi}{b} y.$$

4. 与えられた u の式を偏微分したものを与式に代入して確かめよ．

5. $u(x,y) = X(x) Y(y)$ とおき，分離定数を k とおいて変数分離法で解く．Y についての境界条件から $k = -\lambda^2$ ($\lambda > 0$) となり，

$X(x) = c_1 e^{\lambda x} + c_2 e^{-\lambda x}$, $Y(y) = d_1 \cos \lambda y + d_2 \sin \lambda y$ (c_1, c_2, d_1, d_2：任意定数) を得る．X は有界だから $c_1 = 0$．境界条件 $Y'(0) = 0$ より $d_2 = 0$．
$Y'(l) = -hY(l)$ より $\tan \lambda l = h/\lambda$ となり，この方程式の正根を $\{\lambda_n\}_{n=1}^{\infty}$ とすると，$X = c_2 e^{-\lambda_n x}$, $Y = d_1 \cos \lambda_n y$ ($n = 1, 2, \cdots$)．これらの解を重ね合わせて，$u(x,y) = \sum_{n=1}^{\infty} A_n e^{-\lambda_n x} \cos \lambda_n y$ …① $x=0$ に対する境界条件から，$f(y) = \sum_{n=1}^{\infty} A_n \cos \lambda_n y$．
この両辺に $\cos \lambda_m y$ を掛けて，0 から l まで項別積分すると

$$A_n = \frac{2(h^2 + \lambda_n^2)}{h + l(h^2 + \lambda_n^2)} \int_0^l f(\eta) \cos \lambda_n \eta \, d\eta \quad (n = 1, 2, \cdots).$$

ここで，$\int_0^l \cos \lambda_m y \cos \lambda_n y \, dy = 0$ ($m \neq n$)，$\frac{h + lh^2 + l\lambda_n^2}{2(h^2 + \lambda_n^2)}$ ($m = n$) を使った．
求めた A_n の値を ① に代入して，求める解を得る．

練習問題 11

1. (10.15) より，ラプラシアンを球座標で表し，r だけの関数となることに注意して $\frac{1}{r^2} \frac{\partial}{\partial r} \left[r^2 \frac{\partial V(r)}{\partial r} \right] = \frac{1}{\lambda_D^2} V(r)$．練習問題 7, 5 と同様にして，$rV(r) = A e^{r/\lambda_D} + B e^{-r/\lambda_D}$ (A, B：任意定数) を得る．ここで，$(rV)_{r=\infty} = 0$ より $A = 0$，$(rV)_{r=0} = q/4\pi\varepsilon_0$ より $B = q/4\pi\varepsilon_0$．よって，$V(r) = (q/4\pi\varepsilon_0 r) e^{-r/\lambda_D}$．

2. ㋑：$x = \xi$ 以外の点で右辺は 0 であるから $G_{xx} = 0$ で，G は $ax + b$ の形となる．境界 ($x = 0, l$) で $G = 0$ より，$0 \leq x \leq \xi$ で $G = a_1 x$，$\xi < x \leq l$ で $G = a_2(x - l)$．

㋺：$x = \xi$ で両者が等しいとすると，$a_1 \xi = a_2(\xi - l)$ …①．

㋩：$G_{xx} = -\delta(x - \xi)$ を区間 $[\xi - \varepsilon, \xi + \varepsilon]$ ($\varepsilon > 0$) で積分して $\varepsilon \to 0$ とすると，左辺は $\left(\frac{dG}{dx} \right)_{x=\xi+0} - \left(\frac{dG}{dx} \right)_{x=\xi-0} = a_2 - a_1 = -\lim_{\varepsilon \to 0} \int_{\xi-\varepsilon}^{\xi+\varepsilon} \delta(x - \xi) \, dx = -1$.

よって，$a_2 - a_1 = -1$ …②．①,② より $a_1 = (l-\xi)/l$, $a_2 = -\xi/l$．したがって，
$$G(x, \xi) = \begin{cases} x(l-\xi)/l & (0 \leq x < \xi), \\ \xi(l-x)/l & (\xi < x \leq l). \end{cases}$$

3． $y = b$ のとき $\partial V/\partial y = 0$ の条件を満たすと，
$$B_{mn} = \frac{4}{ab} \int_0^a d\xi \int_0^b \rho(\xi, \eta) \sin\frac{m\pi}{a}\xi \sin\frac{(2n+1)\pi}{2b}\eta \, d\eta$$
となる．$V(x, y)$，$\rho(x, y)$ を与式に代入すると，境界条件を満たす解は
$$V(x, y) = \sum_{m=1}^{\infty} \sum_{n=0}^{\infty} \frac{B_{mn}}{(m\pi/a)^2 + \{(2n+1)\pi/2b\}^2} \sin\frac{m\pi}{a}x \sin\frac{(2n+1)\pi}{2b}y.$$

4． 境界条件を満たす V_1 は，(10.5) より
$$V_1(x, y) = \frac{2}{b} \sum_{n=1}^{\infty} \left\{ \int_0^b f(\xi) \sin\frac{n\pi}{b}\xi \, d\xi \right\} \frac{\sinh(n\pi(a-x)/b)}{\sinh(n\pi a/b)} \sin\frac{n\pi}{b}y.$$

境界条件を満たす V_2 は，
$$V_2(x, y) = \frac{4}{ab} \sum_{m=1}^{\infty} \sum_{n=1}^{\infty} \left\{ \int_0^a d\xi \int_0^b \rho(\xi, \eta) \sin\frac{m\pi}{a}\xi \sin\frac{n\pi}{b}\eta \, d\eta \right\}$$
$$\times \frac{\sin(m\pi x/a)\sin(n\pi y/b)}{(m\pi/a)^2 + (n\pi/b)^2}$$

練習問題 12

1． $A = \begin{bmatrix} 0 & 8 \\ 2 & 0 \end{bmatrix}$, $\boldsymbol{u} = \begin{bmatrix} u_1 \\ u_2 \end{bmatrix}$, $\boldsymbol{0} = \begin{bmatrix} 0 \\ 0 \end{bmatrix}$ とおくと，微分方程式は次のように表される：$\boldsymbol{u}_t + A\boldsymbol{u}_x = \boldsymbol{0}$．この方程式の固有値 λ と固有ベクトル $\boldsymbol{x}_i$ を求めると，$\lambda = 4$ のとき $\boldsymbol{x}_1 = \begin{bmatrix} 2 \\ 1 \end{bmatrix}$; $\lambda = -4$ のとき $\boldsymbol{x}_2 = \begin{bmatrix} -2 \\ 1 \end{bmatrix}$ となる．$P = [\boldsymbol{x}_1 \vdots \boldsymbol{x}_2]$ および $\boldsymbol{u} = P\boldsymbol{v} = P\begin{bmatrix} v_1 \\ v_2 \end{bmatrix}$ とおいて，例題 12.1 のようにして解くと

$$v_1(x, t) = \phi(x - 4t), \qquad v_2(x, t) = \psi(x + 4t) \qquad (\phi, \psi : \text{任意関数})$$

となる．これに初期条件を入れて u_1, u_2 を求めると，
$$u_1(x, t) = \frac{1}{2}\{g_1(x - 4t) + 2g_2(x - 4t)\} - \frac{1}{2}\{2g_2(x + 4t) - g_1(x + 4t)\},$$
$$u_2(x, t) = \frac{1}{4}\{g_1(x - 4t) + 2g_2(x - 4t)\} + \frac{1}{4}\{2g_2(x + 4t) - g_1(x + 4t)\}.$$

2． ①,② より $\dfrac{\partial^2 E}{\partial x^2} = \sigma\mu \dfrac{\partial E}{\partial t}$ …③．$E(x, t) = E_0(x) e^{i\omega t} = \varepsilon_0 e^{\lambda x} \cdot e^{i\omega t}$ （ε_0, λ : 未

定定数）とおいて ③ に代入すると，$\lambda = \pm(1+i)/\delta$．したがって，
$$E(x,t) = \varepsilon_0 e^{\pm x/\delta} \cdot \exp\left\{i\left(\omega t \pm \frac{x}{\delta}\right)\right\}.$$
これを ② に代入して $\dfrac{\partial H}{\partial x} = -\varepsilon_0 \sigma e^{i\omega t} \cdot \exp\left\{\pm(1+i)\dfrac{x}{\delta}\right\}$．これを x で積分すると，
$$H(x,t) = -\varepsilon_0 \sigma e^{i\omega t}\left[\frac{\pm\delta}{1+i}\exp\left\{\pm(1+i)\frac{x}{\delta}\right\}\right]$$
$$= \mp(1-i)\frac{\sigma\delta}{2}\varepsilon_0 e^{\pm x/\delta}\cdot\exp\left\{i\left(\omega t \pm \frac{x}{\delta}\right)\right\} = \pm(1-i)\sqrt{\frac{\sigma}{2\omega\mu}}E(x,t).$$

3. $\dfrac{\partial u_1}{\partial x} = u_2,\ \dfrac{\partial u_1}{\partial t} = u_3,\ \dfrac{\partial u_3}{\partial t} = c^2\dfrac{\partial u_2}{\partial t} + au_2 + bu_1.$

4. $\begin{bmatrix} 0 & 0 & 0 \\ 1 & 0 & 0 \\ 0 & 0 & 1 \end{bmatrix}\begin{bmatrix} \partial u_1/\partial t \\ \partial u_2/\partial t \\ \partial u_3/\partial t \end{bmatrix} + \begin{bmatrix} 1 & 0 & 0 \\ 0 & 0 & 0 \\ 0 & -c^2 & 0 \end{bmatrix}\begin{bmatrix} \partial u_1/\partial x \\ \partial u_2/\partial x \\ \partial u_3/\partial x \end{bmatrix} + \begin{bmatrix} 0 & -1 & 0 \\ 0 & 0 & -1 \\ -b & 0 & -a \end{bmatrix}\begin{bmatrix} u_1 \\ u_2 \\ u_3 \end{bmatrix} = 0.$

索　引

イ

1次式　first degree equation　27, 28
1階多元連立偏微分方程式　system of partial differential equations of the first order with many unknown functions　111
1階偏微分方程式　first order partial differential equation　20
一般解　general solution　22, 33
インパルス応答法　methods of impulse-response　98

ウ　エ

渦無しの流れ　irrotational flow　100
n階偏微分方程式　n-th order partial differential equation　22
n元連立偏微分方程式　system of partial differential equations with n unknown functions　108

カ

解曲面　solution surface（integral surface）　28
階数(偏微分方程式の)　order　20
重ね合わせの原理(解の)　superposition principle　36
拡散方程式　diffusion equation　64, 66

確率積分　probability integral　79
完全解　complete solution　23, 33
完全微分方程式　complete differential equation　7

キ

基音　fundamental sound　49
基礎曲線　base curve　30
基本解　fundamental solution　76, 84
基本的グリーン関数　fundamental Green's function　103
球面波　spherical wave　60
境界条件　boundary condition　26
境界値問題　boundary value problem　26, 85

ク　ケ

グリーン関数　Green's function　102
――法　method of ――　103
決定条件　decision condition　26
原始関数　primitive function　10

コ

コーシー・リーマンの関係式　Cauchy-Riemann's relation　109
コーシーの初期値問題　Cauchy initial value problem　57
固有関数　eigenvalue function　46

固有値　eigenvalue　46
混合問題　mixed problem　26

シ

シャルピの解法　Charpit's method　35
重積分（2重積分）　double integral　12
縮退　degeneration　54
収束波　converging wave　61
重力ポテンシャル　gravitational potential　93
準線形1階偏微分方程式　quasi-linear first order partial differential equation　28
準線形偏微分方程式　quasi-linear partial differential equation　28
初期曲線　initial curve　30
初期速度分布　distribution of initial velocity　57
初期条件　initial condition　26
初期値問題　initial value proplem　26,32
初期変位分布　distribution of initial displacement　57
進行波　travelling wave　56

ス

スカラー場　scalar field　2
斉次　homogeneous　36
正則　regular　85
積分因子　integrating factor　7
積分可能条件　integrable condition　8
積分順序の交換　exchange of the order of integration　13

節線　nodal line　53
接平面　tangent plane　5
線形　linear　27
全微分　total differential　5
──方程式　── equation　6
全微分可能　totally differentiable　4,5

ソ

双曲型　hyperbolic type　42
速度ポテンシャル　velocity potential　100

タ

ダイバージェンス（湧き出し）　divergence　99
楕円型　elliptic type　42
縦線集合　vertical line set　12
多変数関数　function of many variable　12
ダランベール解　d'Alembert's solution　57

チ

長方形膜　rectangular membrane　52
調和関数　harmonic function　85

テ

定係数　constant coefficient　36
定在波（または定常波）　standing (stationary) wave　48,56
定常状態　stationary state　85
定積分　definite integral　10
ディリクレ問題　Dirichlet problem　85

索　引

デルタ関数　delta function　106

ト

等ポテンシャル線　equi-potential line　110
特異解　singular solution　33
特殊解　special solution　33
特性基礎曲線　characteristic base line　29
特性曲線　characteristic curve　28,34
　——法　method of ——　28,30
特性方向　characteristic direction　34
特性方程式　characteristic equation　28

ナ　ニ

内包量　intensive quantity　15
2階線形偏微分演算子　second order linear partial differential operator　37
2階偏微分方程式　second order partial differential equation　20
任意関数　arbitrary function　22,113

ネ　ノ

熱拡散率　thermal diffusivity　66
熱的インパルス　heat impulse　77
熱伝導方程式　heat equation　64,66
熱伝導率　heat conductivity　64
ノイマン問題　Neumann problem　85

ハ

場(力の場など)　field　2
発散波　diverging wave　61
波動方程式　wave equation　44,50,56
　——の空間形　spacial type of ——　62
波面　wave front　60

ヒ

非斉次　non-homogeneous　36
　——項　—— term　36
　——な境界条件　—— boundary condition　69
非線形　nonlinear　27

フ

不可逆現象　irreversible phenomenon　64
不定積分　indefinite integral　10
分離定数　separation constant　45

ヘ

平面波　plane wave　60
ベクトル場　vector field　2
ベッセル関数(または円柱関数)　Bessel function　95
ベッセル微分方程式　Bessel differential equation　95
ヘルムホルツ方程式　Helmholtz equation　62
変係数　variable coefficient　36
変数分離解　solution of separating variable　44
変数分離法　method of separating variables　44
偏導関数　partial derivative　3
偏微分　partial differentiation　4

—— 演算子　partial differential operator　38
—— 可能　partially differentiable　3
—— 方程式　partial differential equation　20

ホ

ポアソン積分　Poisson's integral　76
ポアソン積分公式　Poisson's integral formula　90
ポアソン方程式　Poisson equation　98, 100
法線ベクトル　normal vector　33
放物型　parabolic type　42
ポテンシャル　potential　2, 85
　—— 関数　—— function　85, 93
　—— 方程式　—— equation　85

マ

マクスウェルの方程式　Maxwell's equations　114

ヨ

横線集合　horizontal line set　12

ラ　リ　ル

ラプラス演算子　Laplace operator　62
ラプラス方程式　Laplace's equation　85, 92
流線　stream line　110
連立偏微分方程式　system of partial differential equations　108
累次積分　repeated integral　13
ルジャンドル陪微分方程式　associated Legendre differential equation　97

著者略歴

渋谷仙吉（しぶやせんきち）　1968年　東北大学大学院理学研究科修士課程修了
　　　　　　　　　　　　　山形大学理学部助教授を経て，2006年4月より
　　　　　　　　　　　　　人間自然学研究所教授，理学博士

内田伏一（うちだふいち）　1963年　東北大学大学院理学研究科修士課程修了
　　　　　　　　　　　　　現在　山形大学名誉教授，理学博士

物理数学コース　　**偏微分方程式**

検印省略	2000年11月15日　第1版発行 2022年2月25日　第8版1刷発行
定価はカバーに表示してあります．	著作者　　渋谷仙吉 　　　　　　内田伏一
	発行者　　吉野和浩
増刷表示について 2009年4月より「増刷」表示を「版」から「刷」に変更いたしました．詳しい表示基準は弊社ホームページ http://www.shokabo.co.jp/ をご覧ください．	発行所　　東京都千代田区四番町8-1 　　　　　電話　(03)3262-9166 　　　　　株式会社　裳華房
	印刷製本　壮光舎印刷株式会社

NSPA 一般社団法人 自然科学書協会会員

JCOPY　〈出版者著作権管理機構 委託出版物〉

本書の無断複製は著作権法上での例外を除き禁じられています．複製される場合は，そのつど事前に，出版者著作権管理機構（電話03-5244-5088, FAX 03-5244-5089, e-mail: info@jcopy.or.jp）の許諾を得てください．

ISBN 978-4-7853-1524-5

© 渋谷仙吉，内田伏一，2000　　Printed in Japan

「理工系の数理」シリーズ

線形代数	永井敏隆・永井 敦 共著	定価 2420円
微分積分＋微分方程式	川野・薩摩・四ツ谷 共著	定価 2970円
複素解析	谷口健二・時弘哲治 共著	定価 2420円
フーリエ解析＋偏微分方程式	藤原毅夫・栄 伸一郎 共著	定価 2750円
数値計算	柳田・中木・三村 共著	定価 2970円
確率・統計	岩佐・薩摩・林 共著	定価 2750円
ベクトル解析	山本有作・石原 卓 共著	定価 2420円
コア講義 線形代数	礒島・桂・間下・安田 著	定価 2420円
手を動かしてまなぶ 線形代数	藤岡 敦 著	定価 2750円
線形代数学入門 －平面上の1次変換と空間図形から－	桑村雅隆 著	定価 2640円
テキストブック 線形代数	佐藤隆夫 著	定価 2640円
コア講義 微分積分	礒島・桂・間下・安田 著	定価 2530円
微分積分入門	桑村雅隆 著	定価 2640円
数学シリーズ 微分積分学	難波 誠 著	定価 3080円
微分積分読本 －1変数－	小林昭七 著	定価 2530円
続 微分積分読本 －多変数－	小林昭七 著	定価 2530円
微分方程式	長瀬道弘 著	定価 2530円
基礎解析学コース 微分方程式	矢野健太郎・石原 繁 共著	定価 1540円
新統計入門	小寺平治 著	定価 2090円
データ科学の数理 統計学講義	稲垣・吉田・山根・地道 共著	定価 2310円
数学シリーズ 数理統計学（改訂版）	稲垣宣生 著	定価 3960円
曲線と曲面（改訂版）－微分幾何的アプローチ－	梅原雅顕・山田光太郎 共著	定価 3190円
曲線と曲面の微分幾何（改訂版）	小林昭七 著	定価 2860円

裳華房ホームページ　https://www.shokabo.co.jp/　　※価格はすべて税込（10％）